U0192080

“十四五”时期国家重点出版物出版专项规划项目

中国建造关键技术创新与应用丛书

国家出版基金项目
NATIONAL PUBLICATION FOUNDATION

建筑工程装饰装修关键施工技术

肖绪文 蒋立红 张晶波 黄 刚 等 编

中国建筑工业出版社

图书在版编目（CIP）数据

建筑工程装饰装修关键施工技术／肖绪文等编. —
北京：中国建筑工业出版社，2023.12（2024.11重印）
（中国建造关键技术创新与应用丛书）
ISBN 978-7-112-29461-9

Ⅰ. ①建… Ⅱ. ①肖… Ⅲ. ①饭店－室内装饰设计②
饭店－室内装饰－工程施工 Ⅳ. ①TU247.4

中国国家版本馆 CIP 数据核字（2023）第 244764 号

本书对建筑工程装饰装修的特点、施工技术、施工管理等进行系统、全面的统计，加
以提炼，通过已建项目的施工经验，紧抓装饰装修的特点以及施工技术难点，从功能形态
特征、关键施工技术、专业施工技术三个层面进行研究，形成一套系统的建筑工程装饰装
修建造技术，并遵循集成技术开发思路，围绕装饰装修要点，分篇章对其进行总结介绍，
共包括 7 项关键技术、7 项专项技术，并且提供 14 个工程案例辅以说明。本书适合于建筑
施工领域技术、管理人员参考使用。

责任编辑：张　瑞　范业庶　万　李
责任校对：姜小莲

中国建造关键技术创新与应用丛书
建筑工程装饰装修关键施工技术
肖绪文　蒋立红　张晶波　黄　刚　等　编
*
中国建筑工业出版社出版、发行（北京海淀三里河路 9 号）
各地新华书店、建筑书店经销
北京红光制版公司制版
北京中科印刷有限公司印刷
*
开本：787 毫米×960 毫米　1/16　印张：19½　字数：313 千字
2023 年 12 月第一版　　2024 年 11 月第二次印刷
定价：**55.00** 元
ISBN 978-7-112-29461-9
（42101）

《中国建造关键技术创新与应用丛书》
编 委 会

肖绪文　　蒋立红　　张晶波　　黄　刚

王玉岭　　王存贵　　冉志伟　　张　琨

吴月华　　李景芳　　油新华　　赵福明

焦安亮　　于震平　　欧亚明　　孙金桥

刘　彬　　曹　光　　王海兵　　王　辉

白　蓉　　谭　青　　张云富　　黄延铮

刘　涛

《建筑工程装饰装修关键施工技术》
编　委　会

《中国建造关键技术创新与应用丛书》
编者的话

一、初心

"十三五"期间，我国建筑业改革发展成效显著，全国建筑业增加值年均增长 5.1%，占国内生产总值比重保持在 6.9% 以上。2022 年，全国建筑业总产值近 31.2 万亿元，房屋施工面积 156.45 亿 m^2，建筑业从业人数 5184 万人。建筑业作为国民经济支柱产业的作用不断增强，为促进经济增长、缓解社会就业压力、推进新型城镇化建设、保障和改善人民生活作出了重要贡献，中国建造也与中国创造、中国制造共同发力，不断改变着中国面貌。

建筑业在为社会发展作出巨大贡献的同时，仍然存在资源浪费、环境污染、碳排放高、作业条件差等显著问题，建筑行业工程质量发展不平衡不充分的矛盾依然存在，随着国民生活水平的快速提升，全面建成小康社会也对工程建设产品和服务提出了新的要求，因此，建筑业实现高质量发展更为重要紧迫。

众所周知，工程建造是工程立项、工程设计与工程施工的总称，其中，对于建筑施工企业，更多涉及的是工程施工活动。在不同类型建筑的施工过程中，由于工艺方法、作业人员水平、管理质量的不同，导致建筑品质总体不高、工程质量事故时有发生。因此，亟须建筑施工行业，针对各种不同类别的建筑进行系统集成技术研究，形成成套施工技术，指导工程实践，以提高工程品质，保障工程安全。

中国建筑集团有限公司（简称"中建集团"），是我国专业化发展最久、市场化经营最早、一体化程度最高、全球规模最大的投资建设集团。2022 年，中建集团位居《财富》"世界 500 强"榜单第 9 位，连续位列《财富》"中国 500 强"前 3 名，稳居《工程新闻记录》（ENR）"全球最大 250 家工程承包商"榜单首位，连续获得标普、穆迪、惠誉三大评级机构 A 级信用评级。近年来，随着我国城市化进程的快速推进和经济水平的迅速增长，中建集团下属各单位在航站楼、会展建筑、体育场馆、大型办公建筑、医院、制药厂、污水处理厂、居住建筑、建筑工程装饰装修、城市综合管廊等方面，承接了一大批国内外具有代表性的地标性工程，积累了丰富的施工管理经验，针对具体施工工艺，研究形成了许多卓有成效的新型施工技术，成果应用效果明显。然而，这些成果仍然分散在各个单位，应用水平参差不齐，难能实现资源共享，更不能在行业中得到广泛应用。

基于此，一个想法跃然而生：集中中建集团技术力量，将上述施工技术进行集成研究，形成针对不同工程类型的成套施工技术，可以为工程建设提供全方位指导和借鉴作用，为提升建筑行业施工技术整体水平起到至关重要的促进作用。

二、实施

初步想法形成以后，如何实施，怎样达到预期目标，仍然存在诸多困难：一是海量的工程数据和技术方案过于繁杂，资料收集整理工程量巨大；二是针对不同类型的建筑，如何进行归类、分析，形成相对标准化的技术集成，有效指导基层工程技术人员的工作难度很大；三是该项工作标准要求高，任务周期长，如何组建团队，并有效地组织完成这个艰巨的任务面临巨大挑战。

随着国家科技创新力度的持续加大和中建集团的高速发展，我们的想法得到了集团领导的大力支持，集团决定投入专项研发经费，对科技系统下达了针对"房屋建筑、污水处理和管廊等工程施工开展系列集成技术研究"的任务。

接到任务以后，如何出色完成呢？

首先是具体落实"谁来干"的问题。我们分析了集团下属各单位长期以来在该领域的技术优势，并在广泛征求意见的基础上，确定了"在集团总部主导下，以工程技术优势作为相应工程类别的课题牵头单位"的课题分工原则。具体分工是：中建八局负责航站楼；中建五局负责会展建筑；中建三局负责体育场馆；中建四局负责大型办公建筑；中建一局负责医院；中建二局负责制药厂；中建六局负责污水处理厂；中建七局负责居住建筑；中建装饰负责建筑装饰装修；中建集团技术中心负责城市综合管廊建筑。组建形成了由集团下属二级单位总工程师作课题负责人，相关工程项目经理和总工程师为主要研究人员，总人数达 300 余人的项目科研团队。

其次是确定技术路线，明确如何干的问题。通过对各类建筑的施工组织设计、施工方案和技术交底等指导施工的各类文件的分析研究发现，工程施工项目虽然千差万别，但同类技术文件的结构大多相同，内容的重复性大多占有主导地位，因此，对这些文件进行标准化处理，把共性技术和内容固化下来，这将使复杂的投标方案、施工组织设计、施工方案和技术交底等文件的编制变得相对简单。

根据之前的想法，结合集团的研发布局，初步确定该项目的研发思路为：全面收集中建集团及其所属单位完成的航站楼、会展建筑、体育场馆、大型办公建筑、医院、制药厂、污水处理厂、居住建筑、建筑工程装饰装修、城市综合管廊十大系列项目的所有资料，分析各类建筑的施工特点，总结其施工组织和部署的内在规律，提出该类建筑的技术对策。同时，对十大系列项目的施工组织设计、施工方案、工法等技术资源进行收集和梳理，将其系统化、标准化，以指导相应的工程项目投标和实施，提高项目运行的效率及质量。据此，针对不同工程特点选择适当的方案和技术是一种相对高效的方法，可有效减少工程项目技术人员从事繁杂的重复性劳动。

项目研究总体分为三个阶段：

第一阶段是各类技术资源的收集整理。项目组各成员对中建集团所有施工项目进行资料收集，并分类筛选。累计收集各类技术标文件 381 份，施工组织设计 269 份，项目施工图 206 套，施工方案 3564 篇，工法 547 项，专利 241 篇，论文若干，充分涵盖了十大类工程项目的施工技术。

第二阶段是对相应类型工程项目进行分析研究。由课题负责人牵头，集合集团专业技术人员优势能力，完成对不同类别工程项目的分析，识别工程特点难点，对关键技术、专项技术和一般技术进行分类，找出相应规律，形成相应工程实施的总体部署要点和组织方法。

第三阶段是技术标准化。针对不同类型工程项目的特点，对提炼形成的关键施工技术和专项施工技术进行系统化和规范化，对技术资料进行统一性要求，并制作相关文档资料和视频影像数据库。

基于科研项目层面，对课题完成情况进行深化研究和进一步凝练，最终通过工程示范，检验成果的可实施性和有效性。

通过五年多时间，各单位按照总体要求，研编形成了本套丛书。

三、成果

十年磨剑终成锋，根据系列集成技术的研究报告整理形成的本套丛书终将面世。丛书依据工程功能类型分为：航站楼、会展建筑、体育场馆、大型办公建筑、医院、制药厂、污水处理厂、居住建筑、建筑工程装饰装修、城市综合管廊十大系列，每一系列单独成册，每册包含概述、功能形态特征研究、关键技术研究、专项技术研究和工程案例五个章节。其中，概述章节主要介绍项目的发展概况和研究简介；功能形态特征研究章节对项目的特点、施工难点进行了分析；关键技术研究和专项技术研究章节针对项目施工过程中各类创新技术进行了分类总结提炼；工程案例章节展现了截至目前最新完成的典型工程项目。

1.《航站楼工程建造关键施工技术》

随着经济的发展和国家对基础设施投资的增加，机场建设成为国家投资的重点，机场除了承担其交通作用外，往往还肩负着代表一个城市形象、体现地区文化内涵的重任。该分册集成了国内近十年绝大多数大型机场的施工技术，提炼总结了针对航站楼的 17 项关键施工技术、9 项专项施工技术。同时，形成省部级工法 33 项、企业工法 10 项，获得专利授权 36 项，发表论文 48 篇，收录典型工程实例 20 个。

针对航站楼工程智能化程度要求高、建筑平面尺寸大等重难点，总结了17 项关键施工技术：

- 装配式塔式起重机基础技术
- 机场航站楼超大承台施工技术
- 航站楼钢屋盖滑移施工技术

- 航站楼大跨度非稳定性空间钢管桁架"三段式"安装技术

- 航站楼"跨外吊装、拼装胎架滑移、分片就位"施工技术

- 航站楼大跨度等截面倒三角弧形空间钢管桁架拼装技术

- 航站楼大跨度变截面倒三角空间钢管桁架拼装技术

- 高大侧墙整体拼装式滑移模板施工技术

- 航站楼大面积曲面屋面系统施工技术

- 后浇带与膨胀剂综合用于超长混凝土结构施工技术

- 跳仓法用于超长混凝土结构施工技术

- 超长、大跨、大面积连续预应力梁板施工技术

- 重型盘扣架体在大跨度渐变拱形结构施工中的应用

- BIM 机场航站楼施工技术

- 信息系统技术

- 行李处理系统施工技术

- 安检信息管理系统施工技术

针对屋盖造型奇特、机电信息系统复杂等特点，总结了 9 项专项施工技术：

- 航站楼钢柱混凝土顶升浇筑施工技术

- 隔震垫安装技术

- 大面积回填土注浆处理技术

- 厚钢板异形件下料技术

- 高强度螺栓施工、检测技术

- 航班信息显示系统（含闭路电视系统、时钟系统）施工技术

- 公共广播、内通及时钟系统施工技术

- 行李分拣机安装技术

- 航站楼工程不停航施工技术

2.《会展建筑工程建造关键施工技术》

随着经济全球化进一步加速，各国之间的经济、技术、贸易、文化等往来日益频繁，为会展业的发展提供了巨大的机遇，会展业涉及的范围越来越广，

规模越来越大，档次越来越高，在社会经济中的影响也越来越大。该分册集成了30余个会展建筑的施工技术，提炼总结了针对会展建筑的11项关键施工技术、12项专项施工技术。同时，形成国家标准1部、施工技术交底102项、工法41项、专利90项，发表论文129篇，收录典型工程实例6个。

针对会展建筑功能空间大、组合形式多、屋面造型新颖独特等特点，总结了11项关键施工技术：

- 大型复杂建筑群主轴线相关性控制施工技术
- 轻型井点降水施工技术
- 吹填砂地基超大基坑水位控制技术
- 超长混凝土墙面无缝施工及综合抗裂技术
- 大面积钢筋混凝土地面无缝施工技术
- 大面积钢结构整体提升技术
- 大跨度空间钢结构累积滑移技术
- 大跨度钢结构旋转滑移施工技术
- 钢骨架玻璃幕墙设计施工技术
- 拉索式玻璃幕墙设计施工技术
- 可开启式天窗施工技术

针对测量定位、大跨度（钢）结构、复杂幕墙施工等重难点，总结了12项专项施工技术：

- 大面积软弱地基处理技术
- 大跨度混凝土结构预应力技术
- 复杂空间钢结构高空原位散件拼装技术
- 穹顶钢—索膜结构安装施工技术
- 大面积金属屋面安装技术
- 金属屋面节点防水施工技术
- 大面积屋面虹吸排水系统施工技术
- 大面积异形地面铺贴技术

- 大空间吊顶施工技术
- 大面积承重耐磨地面施工技术
- 饰面混凝土技术
- 会展建筑机电安装联合支吊架施工技术

3.《体育场馆工程建造关键施工技术》

体育比赛现今作为国际政治、文化交流的一种依托，越来越受到重视，同时，我国体育事业的迅速发展，带动了体育场馆的建设。该分册集成了中建集团及其所属企业完成的绝大多数体育场馆的施工技术，提炼总结了针对体育场馆的16项关键施工技术、17项专项施工技术。同时，形成国家级工法15项、省部级工法32项、企业工法26项、专利21项，发表论文28篇，收录典型工程实例15个。

为了满足各项赛事的场地高标准需求（如赛场平整度、光线满足度、转播需求等），总结了16项关键施工技术：

- 复杂（异形）空间屋面钢结构测量及变形监测技术
- 体育场看台依山而建施工技术
- 大截面 Y 形柱施工技术
- 变截面 Y 形柱施工技术
- 高空大直径组合式 V 形钢管混凝土柱施工技术
- 异形尖劈柱施工技术
- 永久模板混凝土斜扭柱施工技术
- 大型预应力环梁施工技术
- 大悬挑钢桁架预应力拉索施工技术
- 大跨度钢结构滑移施工技术
- 大跨度钢结构整体提升技术
- 大跨度钢结构卸载技术
- 支撑胎架设计与施工技术
- 复杂空间管桁架结构现场拼装技术

- 复杂空间异形钢结构焊接技术
- ETFE 膜结构施工技术

为了更好地满足观赛人员的舒适度，针对体育场馆大跨度、大空间、大悬挑等特点，总结了 17 项专项施工技术：

- 高支模施工技术
- 体育馆木地板施工技术
- 游泳池结构尺寸控制技术
- 射击馆噪声控制技术
- 体育馆人工冰场施工技术
- 网球场施工技术
- 塑胶跑道施工技术
- 足球场草坪施工技术
- 国际马术比赛场施工技术
- 体育馆吸声墙施工技术
- 体育场馆场地照明施工技术
- 显示屏安装技术
- 体育场馆智能化系统集成施工技术
- 耗能支撑加固安装技术
- 大面积看台防水装饰一体化施工技术
- 体育场馆标识系统制作及安装技术
- 大面积无损拆除技术

4.《大型办公建筑工程建造关键施工技术》

随着现代城市建设和城市综合开发的大幅度前进，一些大城市尤其是较为开放的城市在新城区规划设计中，均加入了办公建筑及其附属设施（即中央商务区/CBD）。该分册全面收集和集成了中建集团及其所属企业完成的大型办公建筑的施工技术，提炼总结了针对大型办公建筑的 16 项关键施工技术、28 项专项施工技术。同时，形成适用于大型办公建筑施工的专利共 53 项、工法 12

项，发表论文 65 篇，收录典型工程实例 9 个。

针对大型办公建筑施工重难点，总结了 16 项关键施工技术：

- 大吨位长行程油缸整体顶升模板技术
- 箱形基础大体积混凝土施工技术
- 密排互嵌式挖孔方桩墙逆作施工技术
- 无粘结预应力抗拔桩桩侧后注浆技术
- 斜扭钢管混凝土柱抗剪环形梁施工技术
- 真空预压＋堆载振动碾压加固软弱地基施工技术
- 混凝土支撑梁减振降噪微差控制爆破拆除施工技术
- 大直径逆作板墙深井扩底灌注桩施工技术
- 超厚大斜率钢筋混凝土剪力墙爬模施工技术
- 全螺栓无焊接工艺爬升式塔式起重机支撑牛腿支座施工技术
- 直登顶模平台双标准节施工电梯施工技术
- 超高层高适应性绿色混凝土施工技术
- 超高层不对称钢悬挂结构施工技术
- 超高层钢管混凝土大截面圆柱外挂网抹浆防护层施工技术
- 低压喷涂绿色高效防水剂施工技术
- 地下室梁板与内支撑合一施工技术

为了更好利用城市核心区域的土地空间，打造高端的知名品牌，大型办公建筑一般为高层或超高层项目，基于此，总结了 28 项专项施工技术：

- 大型地下室综合施工技术
- 高精度超高测量施工技术
- 自密实混凝土技术
- 超高层导轨式液压爬模施工技术
- 厚钢板超长立焊缝焊接技术
- 超大截面钢柱陶瓷复合防火涂料施工技术
- PVC 中空内模水泥隔墙施工技术

- 附着式塔式起重机自爬升施工技术

- 超高层建筑施工垂直运输技术

- 管理信息化应用技术

- BIM 施工技术

- 幕墙施工新技术

- 建筑节能新技术

- 冷却塔的降噪施工技术

- 空调水蓄冷系统蓄冷水池保温、防水及均流器施工技术

- 超高层高适应性混凝土技术

- 超高性能混凝土的超高泵送技术

- 超高层施工期垂直运输大型设备技术

- 基于 BIM 的施工总承包管理系统技术

- 复杂多角度斜屋面复合承压板技术

- 基于 BIM 的钢结构预拼装技术

- 深基坑旧改项目利用旧地下结构作为支撑体系换撑快速施工技术

- 新型免立杆铝模支撑体系施工技术

- 工具式定型化施工电梯超长接料平台施工技术

- 预制装配化压重式塔式起重机基础施工技术

- 复杂异形蜂窝状高层钢结构的施工技术

- 中风化泥质白云岩大筏形基础直壁开挖施工技术

- 深基坑双排双液注浆止水帷幕施工技术

5. 《医院工程建造关键施工技术》

由于我国医疗卫生事业的发展，许多医院都先后进入"改善医疗环境"的建设阶段，各地都在积极改造原有医院或兴建新型的现代医疗建筑。该分册集成了中建集团及其所属企业完成的医院的施工技术，提炼总结了针对医院的 7 项关键施工技术、7 项专项施工技术。同时，形成工法 13 项，发表论文 7 篇，收录典型工程实例 15 个。

针对医院各功能板块的使用要求，总结了 7 项关键施工技术：

- 洁净施工技术
- 防辐射施工技术
- 医院智能化控制技术
- 医用气体系统施工技术
- 酚醛树脂板干挂法施工技术
- 橡胶卷材地面施工技术
- 内置钢丝网架保温板（IPS 板）现浇混凝土剪力墙施工技术

针对医院特有的洁净要求及通风光线需求，总结了 7 项专项施工技术：

- 给水排水、污水处理施工技术
- 机电工程施工技术
- 外墙保温装饰一体化板粘贴施工技术
- 双管法高压旋喷桩加固抗软弱层位移施工技术
- 构造柱铝合金模板施工技术
- 多层钢结构双向滑动支座安装技术
- 多曲神经元网壳钢架加工与安装技术

6.《制药厂工程建造关键施工技术》

随着人民生活水平的提高，对药品质量的要求也日益提高，制药厂越来越多。该分册集成了 15 个制药厂的施工技术，提炼总结了针对制药厂的 6 项关键施工技术、4 项专项施工技术。同时，形成论文和总结 18 篇、施工工艺标准 9 篇，收录典型工程实例 6 个。

针对制药厂高洁净度的要求，总结了 6 项关键施工技术：

- 地面铺贴施工技术
- 金属壁施工技术
- 吊顶施工技术
- 洁净环境净化空调技术
- 洁净厂房的公用动力设施

●洁净厂房的其他机电安装关键技术

针对洁净环境的装饰装修、机电安装等功能需求，总结了4项专项施工技术：

●洁净厂房锅炉安装技术

●洁净厂房污水、有毒液体处理净化技术

●洁净厂房超精地坪施工技术

●制药厂防水、防潮技术

7.《污水处理厂工程建造关键施工技术》

节能减排是当今世界发展的潮流，也是我国国家战略的重要组成部分，随着城市污水排放总量逐年增多，污水处理厂也越来越多。该分册集成了中建集团及其所属企业完成的污水处理厂的施工技术，提炼总结了针对污水处理厂的13项关键施工技术、4项专项施工技术。同时，形成国家级工法3项、省部级工法8项，申请国家专利14项，发表论文30篇，完成著作2部，QC成果获国家建设工程优秀质量管理小组2项，形成企业标准1部、行业规范1部，收录典型工程实例6个。

针对不同污水处理工艺和设备，总结了13项关键施工技术：

●超大面积、超薄无粘结预应力混凝土施工技术

●异形沉井施工技术

●环形池壁无粘结预应力混凝土施工技术

●超高独立式无粘结预应力池壁模板及支撑系统施工技术

●顶管施工技术

●污水环境下混凝土防腐施工技术

●超长超高剪力墙钢筋保护层厚度控制技术

●封闭空间内大方量梯形截面素混凝土二次浇筑施工技术

●有水管道新旧钢管接驳施工技术

●乙丙共聚蜂窝式斜管在沉淀池中的应用技术

●滤池内滤板模板及曝气头的安装技术

● 水工构筑物橡胶止水带引发缝施工技术

● 卵形消化池综合施工技术

为了满足污水处理厂反应池的结构要求，总结了 4 项专项施工技术：

● 大型露天水池施工技术

● 设备安装技术

● 管道安装技术

● 防水防腐涂料施工技术

8.《居住建筑工程建造关键施工技术》

在现代社会的城市建设中，居住建筑是占比最大的建筑类型，近年来，全国城乡住宅每年竣工面积达到 12 亿～14 亿 m²，投资额接近万亿元，约占全社会固定资产投资的 20%。该分册集成了中建集团及其所属企业完成的居住建筑的施工技术，提炼总结了居住建筑的 13 项关键施工技术、10 项专项施工技术。同时，形成国家级工法 8 项、省部级工法 23 项；申请国家专利 38 项，其中发明专利 3 项；发表论文 16 篇；收录典型工程实例 7 个。

针对居住建筑的分部分项工程，总结了 13 项关键施工技术：

● SI 住宅配筋清水混凝土砌块砌体施工技术

● SI 住宅干式内装系统墙体管线分离施工技术

● 装配整体式约束浆锚剪力墙结构住宅节点连接施工技术

● 装配式环筋扣合锚接混凝土剪力墙结构体系施工技术

● 地源热泵施工技术

● 顶棚供暖制冷施工技术

● 置换式新风系统施工技术

● 智能家居系统

● 预制保温外墙免支模一体化技术

● CL 保温一体化与铝模板相结合施工技术

● 基于铝模板爬架体系外立面快速建造施工技术

● 强弱电箱预制混凝土配块施工技术

●居住建筑各功能空间的主要施工技术

10 项专项施工技术包括：

●结构基础质量通病防治

●混凝土结构质量通病防治

●钢结构质量通病防治

●砖砌体质量通病防治

●模板工程质量通病防治

●屋面质量通病防治

●防水质量通病防治

●装饰装修质量通病防治

●幕墙质量通病防治

●建筑外墙外保温质量通病防治

9.《建筑工程装饰装修关键施工技术》

随着国民消费需求的不断升级和分化，我国的酒店业正在向着更加多元的方向发展，酒店也从最初的满足住宿功能阶段发展到综合提升用户体验的阶段。该分册集成了中建集团及其所属企业完成的高档酒店装饰装修的施工技术，提炼总结了建筑工程装饰装修的 7 项关键施工技术、7 项专项施工技术。同时，形成工法 23 项；申请国家专利 15 项，其中发明专利 2 项；发表论文 9 篇；收录典型工程实例 14 个。

针对不同装饰部位及工艺的特点，总结了 7 项关键施工技术：

●多层木造型艺术墙施工技术

●钢结构玻璃罩扣幻光穹顶施工技术

●整体异形（透光）人造石施工技术

●垂直水幕系统施工技术

●高层井道系统轻钢龙骨石膏板隔墙施工技术

●锈面钢板施工技术

●隔振地台施工技术

为了提升住户体验，总结了 7 项专项施工技术：

- 地面工程施工技术
- 吊顶工程施工技术
- 轻质隔墙工程施工技术
- 涂饰工程施工技术
- 裱糊与软包工程施工技术
- 细部工程施工技术
- 隔声降噪施工关键技术

10.《城市综合管廊工程建造关键施工技术》

为了提高城市综合承载力，解决城市交通拥堵问题，同时方便电力、通信、燃气、供排水等市政设施的维护和检修，城市综合管廊越来越多。该分册集成了中建集团及其所属企业完成的城市综合管廊的施工技术，提炼总结了 10 项关键施工技术、10 项专项施工技术，收录典型工程实例 8 个。

针对城市综合管廊不同的施工方式，总结了 10 项关键施工技术：

- 模架滑移施工技术
- 分离式模板台车技术
- 节段预制拼装技术
- 分块预制装配技术
- 叠合预制装配技术
- 综合管廊盾构过节点井施工技术
- 预制顶推管廊施工技术
- 哈芬槽预埋施工技术
- 受限空间管道快速安装技术
- 预拌流态填筑料施工技术

10 项专项施工技术包括：

- U 形盾构施工技术
- 两墙合一的预制装配技术

- 大节段预制装配技术

- 装配式钢制管廊施工技术

- 竹缠绕管廊施工技术

- 喷涂速凝橡胶沥青防水涂料施工技术

- 火灾自动报警系统安装技术

- 智慧线＋机器人自动巡检系统施工技术

- 半预制装配技术

- 内部分舱结构施工技术

四、感谢与期望

该项科技研发项目针对十大类工程形成的系列集成技术，是中建集团多年来经验和优势的体现，在一定程度上展示了中建集团的综合技术实力和管理水平。

不忘初心，牢记使命。希望通过本套丛书的出版发行，一方面可帮助企业减轻投标文件及实施性技术文件的编制工作量，提升效率；另一方面为企业生产专业化、管理标准化提供技术支撑，进而逐步改变施工企业之间技术发展不均衡的局面，促进我国建筑业高质量发展。

在此，非常感谢奉献自己研究成果，并付出巨大努力的相关单位和广大技术人员，同时要感谢在系列集成技术研究成果基础上，为编撰本套丛书提供支持和帮助的行业专家。我们愿意与各位行业同仁一起，持续探索，为中国建筑业的发展贡献微薄之力。

考虑到本项目研究涉及面广，研究时间持续较长，研究人员变化较大，研究水平也存在较大差异，我们在出版前期尽管做了许多完善凝练的工作，但还是存在许多不尽如意之处，诚请业内专家斧正，我们不胜感激。

编委会

北京　2023 年

前　言

　　随着国民经济的发展和大众消费需求的不断升级，装饰装修在建筑工程中的作用越来越重要，它直接影响到居住者或使用者的日常体验。装饰装修不仅是视觉艺术的展现，更是提升居住质量和生活品质的重要手段。同时，装饰装修也是建筑设计的延伸和补充，在实现空间功能性的同时，也是实现建筑美学价值的重要途径。在众多建筑工程中，高档酒店的装饰装修无论是在风格的多元化还是在施工的复杂度等方面都具有代表性。

　　在此背景下，为了使装饰装修施工保证安全，降低成本，缩短工期，节约资源，我们以高档酒店的装饰装修为例，整合已成功施工的高档酒店建筑装饰项目，研究集成实用先进的施工技术，形成建筑工程装饰装修关键施工技术。

　　本书从高档酒店建筑装饰的施工技术入手，介绍了高档酒店装饰装修成套技术集成研究思路、技术特点和主要研究内容，通过对经典的施工案例分析总结，形成完整的施工操作手册，使施工有依据，利于建筑装饰装修工程的施工。

　　本书适用于建筑设计、施工、监理、招标代理等技术和管理人员使用，旨在帮助他们了解建筑装饰装修建造技术的相关知识。

　　在本书的编写过程中，参考和选用了国内外学者或工程师的著作和资料，在此谨向他们表示衷心的感谢。限于作者水平和条件，书中难免存在不妥和疏漏之处，恳请广大读者批评指正。

目　　录

1 概　　述

1.1　装饰装修国内外发展趋势

随着我国国民经济的发展和国民消费需求的不断升级分化，我国的酒店业会向更加多元的方向发展。酒店装修通常需要投入大量的资金和时间，更加注重设计感和舒适度，以满足人们对品质、功能性、人性化设计等的需求，本书以酒店装饰装修的施工技术为例进行提炼总结。从国外的酒店业发展历程来看，酒店业经历了单体—单一品牌的酒店集团—多品牌的酒店集团—高度专业化的单一/多品牌酒店集团的发展阶段。我国酒店集团从单一品牌的酒店集团向多品牌的酒店集团转变，从最初的满足住宿功能阶段发展到综合提升用户体验的阶段。在市场需求的驱动和经济效益的牵引双重作用下，酒店业的发展呈现出如下特点：

（1）品牌化发展：品牌化是高档酒店集团化发展的目的。酒店集团的品牌化能形成品牌效应，成为酒店集团所独具的品牌资产，酒店集团通过品牌的资产运作（即收购兼并、特许经营、委托管理和战略联盟等方式）来扩大酒店集团的市场份额。国外酒店集团品牌的发展为我国酒店集团品牌的扩张和发展树立了很好的榜样，未来世界酒店业的竞争将更为激烈，品牌化发展将是全球酒店业发展的必然趋势。

（2）多元化、主题化发展：酒店的标准化和规范化服务已不能满足消费者日益增长的需求。酒店集团的多元化包括市场定位的多元化和产品功能的多元化。市场定位的多元化是酒店集团生存和发展而进行的深度市场细分；产品功能的多元化则是酒店集团为追求更优质的服务、满足更多的市场消费者而进行

1

的酒店产品和服务的创新改造。酒店集团通过多元化、个性化的发展能够进一步提升酒店服务质量，增加酒店经济效益。例如，有突出地域特色的度假主题酒店或结合旅游的综合体形式，即酒店融入旅游产业，其发展和产业发展同步，相互促进。

（3）智能技术的应用：酒店管理借助计算机系统，大大提高工作效率，节约人力资源，使成本也大大降低。在信息技术的帮助下，酒店可以为顾客提供人性化的服务。通过网络技术，酒店的会议室可以实现全球同时同声传影传音翻译；基于客户管理积累和建立的"常住客人信息库"记录了每位客人的个人喜好，客房智能控制系统将根据数据库中的信息实现；新的唤醒系统将会在客人设定的唤醒时间前半小时逐渐自动拉开窗帘或增强房间内的灯光；门锁系统，以指纹或视网膜鉴定客人身份；虚拟现实的窗户，提供由客人自己选择的窗外风景；自动感应系统，窗外光线、电视亮度、音响音量和室内温度以及浴室水温等可以根据每个客人的喜好自动调节。这些技术的运用赋予传统酒店客房"舒适""安全"等标准以全新的含义。科技的发展带动了酒店人性化设计的脚步，是全球酒店业未来发展的必由之路。

（4）更加注重环保节能：酒店实施节能环保的绿色战略，不仅可以节约酒店成本，创造出可观的经济效益，实现可持续发展，而且可以迎合现代顾客的"绿色"需求。重视环保，注重生态平衡，倡导绿色消费，开展绿色经营，加强绿色管理，已成为酒店业发展不可阻挡的洪流。从设计、选材、施工过程、管理运行方方面面都体现环保节能的理念。

1.2　装饰装修成套技术集成研究思路

对于一个高档酒店工程来说，影响工程最终效果的四个要素为：设计、材料、工艺、环境。而酒店筹建的顺序大致分为：基建、装修、工程收尾。高档酒店装饰装修成套技术的研究应该围绕这两个大的方面来展开。

首先，在设计阶段就要明确酒店的功能和类型。酒店的目标人群对于客房有哪些要求,其消费偏好是什么,其潜在需求是什么;还要结合公众的审美、消费、住宿习惯等因素来进行设计。

深入研究细节方面的设计。考虑女士客房、特护客房、家庭亲子房等有些特殊要求的设计;避免管线的铺设对装饰效果的影响;注意酒店房间卫浴设施、配饰、绿植的选择,营造舒适氛围,达到视觉效果、美学效果、使用效果、心理感受的高度统一。

其次,在材料的选择上要考虑到安全性(尽量用绿色、环保、防火的材料)以及实用性(能够满足酒店客人的使用要求)。同时应使用高品质材料,要与酒店的定位、酒店的理念相协调,并考虑实用性、美观性和便利性的统一。

针对不断出现的新材料,及时研究新工艺、新做法以确保工程质量并体现材料美感。在施工过程中,也要充分考虑节能、环保、低碳。

加大对工程收尾阶段或改造项目成品保护的研究,要注意避免人员的操作失误对客房设施造成损害,应采取恰当措施,避免房间饰面、物品受到损害。

最后,关注施工过程中对周边环境的影响,采取必要措施将施工产生的废料等有害物以及施工过程中产生的噪声减至最低。

2　功能形态特征研究

2.1　装饰装修的功能

随着人们生活水平的快速提升，我国高档星级酒店项目建设逐渐增多，其室内装饰工程也在不断增加。本书对深圳丽思卡尔顿酒店、北京海航大厦万豪酒店、大连远洋等高级酒店的施工进行了总结分析。一般来讲，酒店建筑装饰、设施设备会根据酒店的星级等级来进行施工安装。酒店的星级越高，装饰的施工内容越多。酒店大部分都是集客房、会议、餐饮、娱乐、健身、桑拿、美容、购物于一体。

2.2　装饰装修的特点

2.2.1　高档酒店装修施工的特点

（1）工艺新颖

例如，深圳瀑布酒店，采用了大量的白色异形人造石作为整个酒店装饰的主要材料，从而完美地诠释了"曲面"在装饰中的美感，图 2-1 为瀑布酒店走廊、图 2-2 为瀑布酒店客房。

（2）工种繁多

给水排水、暖通、空调、强弱电、通信、消防、装饰、幕墙、窗户等几乎是同时进场，在安排流水作业时，难度较大。大堂和走廊是各工种的必经之地，各工种的放样、施工、检查、调试、整修将影响大理石的干挂和地面的铺砌、保养。因此，施工前必须制定详细的措施和计划。

图 2-1　深圳瀑布酒店走廊　　　　图 2-2　深圳瀑布酒店客房

（3）吊顶多样

星级酒店吊顶面积大、造型复杂，必须做好隐蔽工程验收。吊顶内的水、电、消防、喷淋等器材的整体测试和整体验收环节多、部门多，影响工程的流水作业。处理这些问题，应具有相应的管理措施。例如，在北京海航大厦万豪酒店施工过程中，巧妙地实现了钢结构玻璃罩扣幻光穿顶技术在酒店大堂吊顶上的展示。见图 2-3 北京科航海航大厦酒店大堂。

图 2-3　北京科航海航大厦酒店大堂

（4）石材运用量多

地面铺贴、楼梯铺贴、墙面干挂、柱面干挂、踢脚、镶边、弧形板等。从种类上可分为：大理石、花岗石及人造石、微晶石等。例如，中海康城大酒店装饰项目中近 15000m² 的装饰面积，其中石材的应用占到了近 8000m²，而且施工过程中还具有大量的石材拼花。见图 2-4 中海康城大酒店大堂、图 2-5 中海康城大酒店电梯厅。

图 2-4　中海康城大酒店大堂　　　　　　图 2-5　中海康城大酒店电梯厅

以上阐述的四点：工艺新颖、工种繁多、吊顶多样、石材运用量多是高档酒店装饰施工的特点，也是酒店装饰的关键因素。

同时，酒店的功能应划分合理，设施使用应方便、安全。酒店内部公共信息图形符号应符合《旅游饭店用公共信息图形符号》LB/T 001—1995 的规定；此外还应具备中央空调系统、背景音响系统，具备与五星级酒店相适应的计算机管理系统。

2.2.2　高档酒店装修施工注意事项

（1）高档酒店装饰装修工程中的样板房装饰施工工期较短。应加大熟练的技术劳动力投入，合理安排施工界面便于施工交叉，优化施工工艺，缩短施工工期。饰面材料、构件尽可能地在场外工厂加工，做到现场标准化安装。

（2）建筑装饰装修工程的分项工程多、工序繁多。应合理编制施工工艺、方案，在得到业主、现场监理批准的前提下，再进行施工；绘制施工流程图、网络进度计划表，划分施工界面，充分、合理地安排施工劳动力。

（3）材料品种丰富，有些属于易燃、易爆材料，施工现场的防火安全管理非常重要。应建立装饰装修工程防火安全管理体系，独立布置易燃易爆材料仓库，消防器材按照 1 组/50m² 布置；提高施工人员防火意识，易燃、易爆材料施工时严禁明火作业，加强监控力度。

（4）其他专业如强电、弱电、空调、消防、楼宇自控等立体交叉作业多。应设置多工种作业施工协调人员；在不影响施工总进度的情况下，划分施工界面，管线安装工程率先施工、装饰工程紧跟其后，防止因施工界面不够引起的等工、窝工现象。

（5）施工过程中往往要求施工环境温度、相对湿度、风力、光照度以及清洁度等满足其材料、工艺、质量等要求。

2.2.3　高档酒店装饰装修成套技术特点

高档酒店装饰装修成套技术在设计、材料、工艺、施工环境方面体现出其特点，突出的特点是成套化、集成化、工厂化加工、现场装配、节能环保、技术创新、现场管理信息化等。

（1）设计方面

前期方案设计阶段的成套技术特点和研究内容体现在对空间功能优化、各专业整合、与周边环境融合、人性化因素、多媒体数码三维技术的应用等方面。重点研究应用智能化、可视化、模型设计、协同等技术。

施工图设计和深化设计阶段的技术特点和研究内容突出在设计与施工一体化的研究、基于BIM（建筑信息模型）技术的集成设计系统。使建筑、结构、给水排水、暖通、强弱电等专业的信息共享协同，减少"错、漏、碰、缺"等错误的发生，提高设计产品质量。

（2）材料方面

高档酒店选材品质要求高，重视环保、节能技术的应用，尤其是建筑装饰行业 10 项示范、推广的新施工技术的应用。例如天然及人造块材精加工及挂装技术，木制品工厂化生产及施工装配化技术，金属板、玻璃表面精加工（异型加工）、组合安装等施工技术，高强度、抗裂、抗老化胶粘材料及粘结施工技术，新型保温、隔声材料、复合建材的应用等。

（3）工艺方面

对应新材料、新产品的应用，必然有相适应的新工艺出现，如何让施工更快捷、减少工种交叉、减少物料消耗、减少对环境的影响是新工艺的研究方向。同时，重视新工艺的总结和标准化，进行知识数据积累，进而方便在企业内部共享和传播，是高档酒店成套技术发展的突出特点。

（4）施工环境

此方面特点侧重在施工阶段的现场管理方法。推广发展现场可视化管理，规范施工平面布置，包括物料堆放、交通流线、危险源警示、成品保护标识等，为施工创造良好的环境。尤其是改造工程，将施工对酒店营运部分的影响减至最低，所采取的措施是此阶段研究的主要内容。在高级酒店工程项目现场管理中应用移动通信和射频技术，通过与工程项目管理信息系统结合，实现工程现场远程监控和管理。

2.3　装饰装修的形态特征

2.3.1　方案

总说明：所采用的家具、建筑的设施应该表现出居家的理念。设计要明显地表达出休闲、起居、工作等功能分区。应具有良好的隔声设备，以保证客人的隐私。

位置：与公共空间区域分开，尽量保持与电梯的最小距离。

标准间类型：提供双人床或者双人床与单人床的布局类型。

连通房：根据市场的要求，酒店管理公司可能会调整连通间的比例、房间类型与位置。连接门穿过隔墙的客房的比例最小约占整个酒店客房的 30%；单人间连着双人间；套房需要连接两间客房，其方法就如单间套房连接双人间客房，无障碍客房连接双人间客房。

无障碍客房：类似于标准间，提供给残障人士使用，应符合政府部门对无障碍设施的相关要求和中国残疾人联合会的相关规范要求。在至少包括一间套房的情况下分配无障碍客房。一间无障碍的客房应该尽可能毗邻一间普通客房。无障碍客房的修改要求应得到酒店管理公司的审查与许可。

行政客房：类似于标准客房，但是具备去商务间休息室和拥有其他服务设施的权利。行政套房占所有客房的比例为 20%，由设施方案和市场限定。

小套房：拥有小客厅和单人床的 2 个开间，2 个开间被一堵安装有玻璃门的墙体隔开。招待套房：2 个或者更大的开间，提供座位和墙床（折床）或者沙发床。豪华套房：拥有餐室和连着卧室的起居室的 2 个开间。副总统套房：共有 4 个开间，1 个开间是专门的单人间卧室，另外的 3 个开间供会客厅、餐厅、娱乐使用。总统套房：共有 5 个开间，1.5 个开间是专门的客房卧室，另外的 3.5 个开间供会客厅、餐厅、娱乐使用。

酒店总经理的套间：共有 4～5 个开间，包括卧室、起居室和有连接门的套间。

度假酒店管理：度假酒店要求有额外的特点和配套的设施，来满足额外的客房要求。

2.3.2　内部装饰

（1）设计理念：套房与客房的设计应具有温和、舒适居家氛围的理念。

1）材料：选择审美氛围愉悦、功能较多、耐用且容易获得的材料。

2）色调：选择柔和、使人感到愉悦舒适的色调。

（2）起居室的装饰

1）入口区域：硬铺面、大尺度、最小的为 400mm×400mm 石材或者陶瓷地砖、其他的耐用材料。入门口的木制品与卧室区域的木制品设计应一致并提供墙护角。

2）地面/踢脚板：满铺地毯要紧靠在 10cm 高的踢脚板处，为了匹配门厅的高度，在踢脚板上刷油漆、染色或者铺上一层小的地毯。

3）墙面：在潮湿的地方采用塑料面墙纸或者刷油漆。木制品/木饰线的转角保护应与室内设计的标准相匹配。

4）木制模型与线条：在客厅、卧室、窗户盒、门厅处采用透明的木制模型和线条处理（在门厅较矮的顶棚和浴室处不采用）。

5）顶棚：光滑的油漆面（石膏板表面或者抹灰打底）。一般不采用活动式的吸声吊顶。

2.3.3 隔声

（1）设计协调

1）外部环境的噪声干扰：遵守外部设计的声学控制标准。

2）暖通空调换气：采用金属薄板的导管进行换气。

（2）声学

墙面、地板和设备的声音的性能都是经常发生变化的。向专业的声学控制咨询机构进行咨询。推荐采用国际声学控制理事会的标准。

（3）结构标准

内墙、地面、顶棚最小隔声传递要求如表 2-1 所示。

酒店各区域最小隔声传导系数　　　　　　　　　表 2-1

空间/区域	最小 STC（隔声传导系数）
砌体结构客房砖墙	50
客房的轻钢龙骨石膏板隔墙	55
客房浴室的墙壁	50
客梯井墙壁	50

空间/区域	最小 STC（隔声传导系数）
客房走廊墙壁	48
框架结构的地面/顶棚	50
木结构的地面/顶棚	55
客房地面到顶棚	55

（4）施工细节

确保声音施工的建造细节能够达到相应的标准。

1）轻钢龙骨结构中，在其四周（地面、墙面与顶棚）要进行连续的密封处理。

2）遵照产品生产商对声音控制细节的建议。

3）当墙的边缘与其他表面相接时，应将墙的边缘四周密封起来，以达到隔声的效果。

4）隔墙两侧的电源插座箱应相互错开并进行密封处理。

5）减少顶棚上面的管道设备所产生的机械噪声。

6）暖通空调管道设备和出风口的控制挡板能够有效地阻止噪声从一个客房到另一个客房传播。

（5）门/门框的细部构造

施工上需达到与邻近墙体所要求一样的隔声系数。

1）在空心门框架结构中填充纤维绝缘材料，对门的边缘和底部进行密封。

2）在正大门（还包括连接门）处可采用门槛处理。

3）不要在门上开一些小的空间，这样不利于声音的有效控制。

2.3.4　窗户与玻璃

（1）总况：依照酒店设计、结构特点、规范以及下面的要求来确定外墙窗户与玻璃类型。

（2）窗户的面积：大约占客房外墙面积的 45%。

1）应结合其他的设计要求综合考虑，例如风的流量、地震、能耗的有效利用等。

2）受高风速限制或法规上有要求的区域，应使用耐冲击的外窗组合形式。

（3）窗户的施工：尽量采用可开启式窗户。

1）为安全计，窗户的最大开启限度为10cm。阳台上不要安装可开启的窗户。

2）窗户应采用带钥匙开关类型。

3）窗户作为第二条逃生路径时，应满足酒店安全要求。

（4）玻璃：采用清澈、明亮的玻璃（避免采用幻光、有色的玻璃）。

1）采用绝缘隔声的玻璃，要求在声音舒适度、能耗利用率及政府部门相关要求上都要达到相应的标准。

2）在玻璃拉门、窗户及规范所要求的地方采用钢化玻璃。

（5）室内/装饰面细节：窗户框架材料要与内部房门框架材料相匹配。窗帘挂布材料遵守室内设计标准。

2.3.5 客房的编号与标识

（1）总况：在项目前期就要确定客房的编号，方便辨别房间和相应的空间。

（2）编号系统：采用的数字要与酒店客房的编号系统相一致。不要采用与楼层系统相冲突的编号方案。

1）通信系统（电话/网络接口）。

2）PMS（酒店管理系统）。

3）磁卡-电子操作的入口门锁。

4）避免采用与当地的文化或者风俗习惯相违背的数字。

5）酒店房间的标号系统要得到酒店管理公司的认可。

（3）标识（告示牌）：采用下面的标识，且要得到酒店管理公司的认可。

1）编号：应当传达一些必要的信息。

2）疏散方案：与政府部门的相关规范一致。

3）房费/退房手续：要在政府部门和酒店的相关要求下设置。

2.3.6 房间面积确定（表 2-2）

房间面积确定 表 2-2

建筑面积	净面积
建筑面积：一个简单、矩形的面积由下面的宽度和长度来确定（包括客房走廊的壁龛）。 宽度：客房普通墙的中心线到对墙的中心线。 长度：走廊墙壁的外侧到内墙的距离	净面积：一个简单、矩形的面积由下面的宽度和长度来确定（只包括客房走廊壁龛的一部分）。 宽度：客房两墙壁之间的净距离。 长度：走廊墙壁的内侧到内墙的距离

3 关键技术研究

3.1 多层木造型艺术墙施工技术

3.1.1 工艺原理

选用通过环保检测合格的优质难燃多层板，利用胶粘、液压冷压机压制的方式，使其相互粘结平整、牢固，形成厚度、高度满足设计要求的多层木原料板；再将其罗列叠加成长度满足设计要求的多层木积材长方体，同时按顺序对每块多层木原料板进行编号备用；在长方体表面进行精确放样定位后，使用机具对其切割、打磨、修形，使之加工成半成品构件；施工现场按照图纸尺寸弹出完成面控制线，焊接固定完成相应的钢龙骨基架，依据现场实际尺寸数据，半成品构件经场外预装无误后，运至现场组装调修完成。

3.1.2 材料与设备

3.1.2.1 材料

半成品多层木积材板

1）定义、特点

半成品多层木积材板是选用通过环保检测合格且符合《难燃胶合板》GB/T 18101—2013 相关要求的 12mm 难燃多层板特等品，利用胶粘、液压冷压机压制的方式，让其相互粘结平整牢固，形成厚度、高度满足设计要求的多层木原料板。加工时还应进行烘干处理，严格控制木材的含水率，防止半成品多层木积材板处于室内高温度环境下而开裂。其纹理清晰，天然木材质感强。优质 12mm 难燃多层板见图 3-1。

图 3-1　优质 12mm 难燃多层板

工厂半成品加工：

压制合成 100mm 原多层木积材原料板见图 3-2，放样后编号加工的半成品多层木积材板见图 3-3。

图 3-2　压制合成 100mm 厚多层木积材原料板

图 3-3　放样后编号加工的半成品多层木积材板

2）难燃多层板规格

外观等级：特等

尺寸规格：2440mm×1220mm×12mm

含水率：6％～14％

燃烧性能：B_1 级

3）半成品多层板规格

外观等级：特等

尺寸规格：2800mm×1400mm×100mm

含水率：6％～14％

燃烧性能：B_1 级

16

3.1.2.2 主要施工机具设备（表3-1）

主要施工机具设备　　　　　　　　　　　表3-1

序号	名　称	单位	用　途
1	扫帚	把	清扫基面
2	开刀	把	基面开缝
3	线包	个	弹线
4	冲击电钻	台	固定钻尾螺钉
5	铁锤	把	固定普通螺钉
6	切割机	台	木材切割
7	砂轮切割机	台	角钢切割
8	履带式砂带机	台	面层打磨
9	角磨机	台	大样修正
10	电焊机	台	焊接
11	油漆刷	把	油漆涂刷

3.1.3 质量控制

3.1.3.1 质量要求及标准

（1）造型艺术墙表面无明显凹陷和损伤。

（2）基层腻子应平整、坚实、牢固，无粉化、起皮和裂缝。造型艺术墙基层质量和检验方法见表3-2。

造型艺术墙基层质量和检验方法　　　　　表3-2

项次	项　目	允许偏差（mm）	检验方法
1	立面垂直度	1.5	用2m垂直检测尺检查
2	表面平整度	1.5	用2m靠尺和塞尺检查
3	阴阳角方正	1.5	用直角检测尺检测
4	吊顶交接处直线度	1.5	拉5m线，不足5m拉通线，用钢直尺检查
5	地面交接处直线度	1.5	拉5m线，不足5m拉通线，用钢直尺检查

（3）所选用油漆的品种型号和性能应符合设计要求。检查方法：检查产品合格证、性能检测报告和进场验收记录，民用建筑工程室内装饰中涂料必须有总挥发性有机化合物（TVOC）、苯、游离甲苯二异氰酸酯（TDI）（聚氨酯类）含量检测报告；油漆工程的颜色、光泽应符合设计要求；涂刷应均匀、粘结牢固，不得漏涂、透底和起皮。造型艺术墙清漆面层质量和检验方法见表 3-3。

造型艺术墙清漆面层质量和检验方法 表 3-3

序号	项　　目	高级涂饰	检验方法
1	颜色	均匀一致	观察
2	木纹	木纹清楚	观察
3	光泽、光滑	光滑均匀一致	观察、手摸检查
4	刷纹	无刷纹	观察
5	裹棱、流坠、皱皮	不允许	观察

（4）所有材料必须符合质量标准与设计要求。

（5）细部构造做法必须符合设计要求。

3.1.3.2　验收依据

（1）《建筑装饰装修工程质量验收标准》GB 50210—2018。

（2）《建筑工程施工质量验收统一标准》GB 50300—2013。

（3）《公共建筑装饰工程质量验收标准》DB11/T 1087—2014。

3.1.4　工艺流程及操作要点

3.1.4.1　工艺流程

（1）多层木造型艺术墙施工流程（图 3-4）

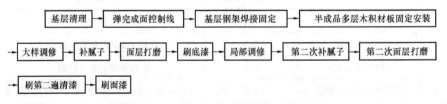

图 3-4　多层木造型艺术墙施工流程图

（2）多层木积材造型艺术墙施工工艺示意

1）多层木积材造型艺术墙设计示意图（图3-5）；

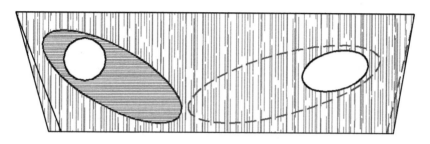

图3-5　多层木积材造型艺术墙设计示意图

2）多层木积材造型艺术墙施工过程示意图（图3-6）；

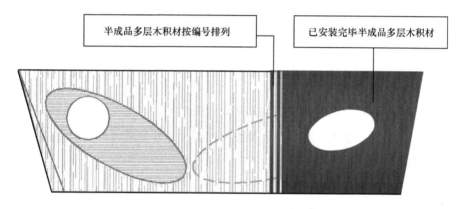

半成品多层木积材按编号排列

已安装完毕半成品多层木积材

图3-6　多层木积材造型艺术墙施工过程示意图

3）多层木积材造型艺术墙施工节点示意图（图3-7）。

3.1.4.2　施工要点

（1）基层清理

组装半成品多层木积材的基层必须符合下列要求：

1）基层平整、坚固，平整度不得超过5mm。

2）基层必须清扫干净，不得有砂浆疙瘩、石子、沙粒等杂物，在正式组装前还应进行一次清扫，避免相邻区石子、沙粒散落在即将组装的基层上。

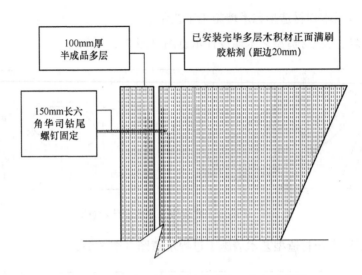

图 3-7　多层木积材造型艺术墙施工节点示意图

3）基层含水率不得大于 5％。

（2）弹完成面控制线

天、地、墙完成面控制线必须满足设计图纸尺寸，将现场控制线相关尺寸数据与工厂半成品加工紧密结合，半成品加工尺寸与完成面控制尺寸误差不得超过 3mm。

（3）基层钢架焊接固定

采用 8 号槽钢依照顶棚控制线尺寸满焊焊接出基础钢龙骨架，槽钢钢龙骨架与顶面混凝土板生根锚固，两侧用 40mm×40mm×4mm 角钢斜撑固定，使预设槽钢龙骨架达到良好的刚度和稳定性。焊接处焊渣应清除干净，钢材表面均做防锈处理。多层木积材造型艺术墙基层施工示意图见图 3-8。

（4）半成品多层木积材组装

现场组装半成品多层木积材，首先将半成品多层木积材运抵施工区域，按照出厂编号顺序排列码放整齐备用；选抬出 1 号多层木积材板，对准完成面控制线和槽钢基础钢龙骨架，微调定位，用预制钢码件将 1 号板与钢龙骨架连接固定；然后在 1 号板正面满刷胶粘剂，将 2 号板背面对准 1 号板正面，用

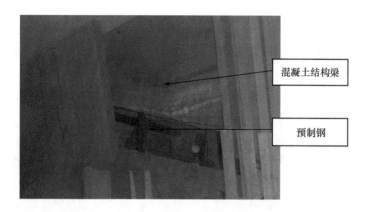

图 3-8 多层木积材造型艺术墙基层施工示意图

150mm 长六角华司钻尾螺钉固定（其中，胶粘剂距板边缘 20mm 涂刷，以防止 1 号、2 号板叠加挤压使多余胶液溢出造成污染）；依次类推，安装 3、4、5 号……多层木积材板，直至组装完毕。半成品多层木积材组装见图 3-9，多层木积材造型艺术墙组装过程见图 3-10。

图 3-9 半成品多层木积材组装

（5）大样调修

多层木积材艺术墙组装完毕后，根据现场实际情况对照设计效果图纸，对平整度、圆弧线、椭圆弧线等进行现场调修，对外形进一步完善。

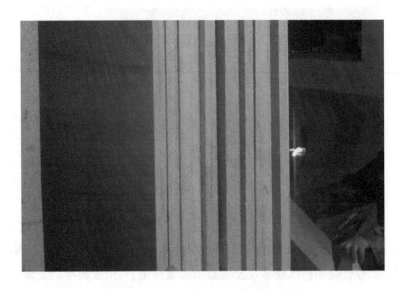

图 3-10 多层木积材造型艺术墙组装过程

（6）补腻子、面层打磨

多层木积材艺术墙满挂油性腻子，抹腻子的配合比为石膏粉 20、熟桐油 7、水 50（质量比），并加颜料调成油色腻子（颜色接近多层木积材本色）。接缝较大处，应用开刀、牛角板将腻子挤入缝内，然后抹平。腻子要刮到、收净，不应漏刮。待腻子干透后，用 1 号砂纸轻轻顺木纹打磨，来回打磨至光滑为止。磨完后用潮布将磨下的粉末擦净。面层补腻子见图 3-11。

（7）刷底漆

采用快干硝基清漆有序地进行涂刷，刷时要注意不流、不坠，涂刷均匀。待清漆完全干透后，用 1 号砂纸或旧砂纸彻底打磨一遍，将头遍清漆面上的光亮基本打磨掉，再用潮布将粉尘擦净。刷底漆见图 3-12。

（8）局部调修

对局部平整度、圆弧线、椭圆弧线等进行现场调修，使外形更加完美。

（9）第二次补腻子、面层打磨

进行第二次补腻子，腻子同样要刮到、收净，不应漏刮。待腻子干透后，

图 3-11　面层补腻子

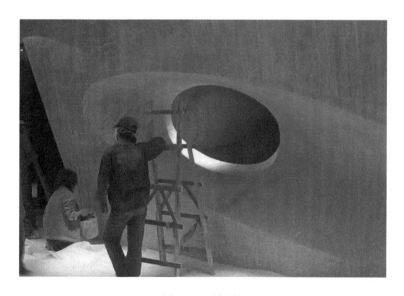

图 3-12　刷底漆

用细砂纸轻轻顺木纹打磨，来回打磨至光滑为止。磨完后用潮布将磨下的粉末
擦净。未打磨到位时效果见图 3-13。

图 3-13　未打磨到位时效果

（10）刷第二遍清漆

刷油操作同前，但刷油动作要敏捷，多刷多理；清漆涂刷应饱满一致，光亮均匀，不流不坠；刷完后再仔细检查一遍，发现问题要及时纠正。刷此遍清漆时，周围环境要整洁、无粉尘。

（11）刷面漆

待第二遍清漆干透后，首先要进行磨光，然后用潮布将磨下的粉末、灰尘擦净，最后刷第三遍面层清漆；刷法同前。最终完成效果见图 3-14。

3.1.4.3　成品保护

（1）半成品多层木积材板做好后在工厂应做好保护工作，严禁磕碰、挤压。

（2）做好半成品多层木积材板运输过程和上下车保护，做到轻拿轻放，严禁磕碰、挤压。

（3）半成品多层木积材板运抵现场后，设专区码放，设专人看护防止磕碰、挤压和重物击打。

（4）刷油漆前应首先清理完施工现场的垃圾及灰尘，以免影响油漆质量。

图 3-14　最终完成效果

（5）刷油漆时应在地面铺上保护毯，防止油漆滴落污染地面。

（6）造型艺术墙每遍油漆未干时，禁止触碰，防止破坏漆膜造成修补。

（7）造型艺术墙完工后，用塑料布进行遮挡，防止灰尘、其他杂物产生污染。地面满铺塑料布防止污染见图 3-15。

图 3-15　地面满铺塑料布防止污染

3.1.4.4 安全措施

（1）进入现场的所有人员必须佩戴安全帽，禁止穿硬底鞋、高跟鞋作业。

（2）高度作业超过 2m 应按规定搭设脚手架。施工前要进行检查是否牢固。使用的人字梯应四脚落地，摆放平稳，梯脚应设防滑橡皮垫和保险链。人字梯上铺设脚手板，脚手板两端搭设长度不得小于 20cm，脚手板中间不得同时两人操作。梯子挪动时，作业人员必须下来，严禁站在梯子上踩高跷式挪动，人字梯顶部铰轴不准站人，不准铺设脚手板。应当经常检查人字梯，发现开裂、腐朽、楔头松动、缺档等，不得使用。

（3）施工现场严禁设油漆材料仓库，场外的油漆仓库应有足够的消防设施。

（4）进入现场的人员，严禁吸烟，不准携带火源，施工现场应有严禁烟火安全标语，现场应设专职安全员监督，保证施工现场无明火。

（5）施工前应集中工人进行安全教育，并进行书面交底。

（6）施工现场用电必须执行《施工现场临时用电安全技术规范》JGJ 46—2005。

（7）每日下班前认真检查作业面，确保安全后方可离场。

3.1.4.5 环保和安全措施

（1）现场清扫设专人洒水，不得有扬尘污染。打磨粉尘用潮布擦净。

（2）每天收工后应尽量不剩油漆材料。剩余油漆不准乱倒，应收集后集中处理。废弃物（如废油桶、油刷、棉纱等）按环保要求分类消纳。

（3）施工现场周边应根据噪声敏感区域的不同，选择低噪声设备或其他措施，同时应按国家有关规定控制施工作业时间。

（4）涂刷作业时操作工人应佩戴相应的保护设施（如防毒面具、口罩、手套等），以免危害工人肺、皮肤等。

（5）严禁在民用建筑工程室内用有机溶剂清洗施工用具。

（6）油漆使用后，应及时封闭存放，废料应及时清出室内，施工时室内应保持良好通风，但不宜用过堂风。

3.2 钢结构玻璃罩扣幻光穹顶施工技术

3.2.1 钢结构玻璃罩扣幻光穹顶结构施工

（1）采用壳体这一最为稳定的结构形式，以变截面工字钢组成1/2壳体结构，以钢制牛腿与原混凝土结构梁柱固定，并加固原结构梁防止结构自重和地震时产生的水平位移以及侧向应力。钢结构图纸（示意图）与照片见图3-16。

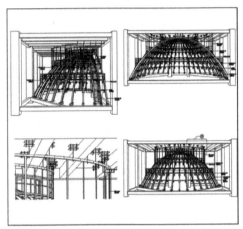

图 3-16　钢结构图纸（示意图）与照片

（2）选用丝网印半透光夹胶玻璃为穹幕材料，以点式玻璃幕的安装方式与钢穹骨架连接，拉结杆件以加劲板支撑来解决侧向应力的问题。同时，通过夹胶玻璃的形态来控制灯光效果。夹胶玻璃图纸（示意图）与照片见图3-17。

（3）设置检修马道。在不同的高度，主要在灯具组架附近位置环置3道钢架马道，既是检修功能的马道，也是穹结构的横向稳定构造。检修马道图纸（示意图）与照片见图3-18。

（4）集成模块中控LED灯组按设计时序变换照明效果，达到与昼夜同步呼应的目的。

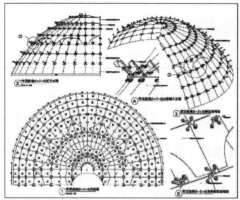

图 3-17　夹胶玻璃图纸（示意图）与照片

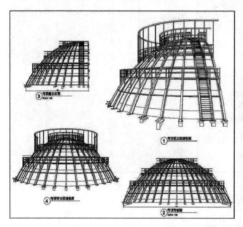

图 3-18　检修马道图纸（示意图）与照片

（5）重视项目策划，编制专项施工方案预见性地提出施工中的重点难点及可能面临的困难和解决措施。

（6）加强施工控制。重视施工过程的管理，对现场安全、施工质量做好事前事中事后的控制，全面保障过程精品、结果精品。

3.2.2　光效设计与施工

（1）面层采用以花瓣形丝网印半透夹胶玻璃来控制光的均匀度和外观形态，以反光帘对程控 LED 灯组的反射来表现和加强光效，反光帘同时有遮蔽穹内机电设备的作用。

（2）采用集成模块中控 LED 灯组按设计时序变换照明效果，达到与昼夜同步呼应的目的。穹顶安装 76 盏 360 珠 36W 大功率 LED 投光灯，按花瓣形态择点分组安装，以追求瓣状变化光效。另安装了 24 盏 36W 节能灯作为穹内检修工作区工作照明。光效图见图 3-19。

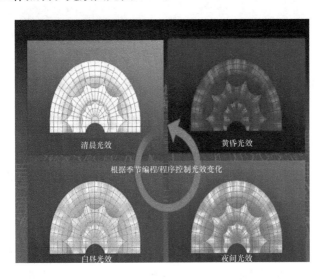

图 3-19　光效图

3.2.3　穹幕材料的选择

（1）选用以激光膜、点阵渐变丝网印夹胶玻璃（8mm＋2mm＋8mm）作为透光材料，控制光的均匀度和外观形态。

（2）增加反光帘以增强光效。为满足维修保养的具体要求，所有反光帘采用电动卷帘形式，遥控操作。穹幕材料照片见图 3-20。

图 3-20 穹幕材料照片

3.2.4 运营及维护

（1）设备检修

3 层钢结构检修马道在 LED 组合投光灯附近，每盏灯均在伸手可及的检修范围内。中央控制模块置于控制间，并与酒店场景照明控制系统联动，便于检修和调控。

（2）维护与清洁

位于检修马道和玻璃半透穹顶之间的反光卷帘为电动伸缩机械转动，当卷帘回缩时，玻璃穹顶展露在马道前，能方便地对其进行维护清洁。

3.3 整体异形（透光）人造石施工技术

3.3.1 现场定位放样

首先，按设计方提供的墙体平面定位图（CAD 图），将该 CAD 图输入数控机械设备中进行定位 0 层板（即基准板，与常规按平面定位图在现场地面画线放样的作用一样，0层板定位以后便于其他层板和筋板的安装、定位）制作；现场依据建设单位提供的轴线及墙体平面定位图（CAD图），确定定位0层板的装配基准起点及控制点，然后拼装定位0层板；在拼装的过程中找出现场与图纸相冲突的部位，将需调整的部位及其原因及时汇总并反馈给设计单位，配合设计单位修改设计方案；将最终确定的方案发到工厂重新调整模板再次放样，施工人员在现场确认与基建墙、预埋件等无干涉且符合图纸要求时，将基准板固定于水泥地板上。

3.3.2 层板结构建立

根据水平层板分层图，在0层板就位的基础上按顺序将水平层板卡在竖起的筋板上；逐一将每件水平层板装配，并采用红外线测试仪校核整个层板结构水平度与垂直度，直至整体结构达到要求标准；当整体定位骨架完成后再将40mm×40mm×3mm钢龙骨插入层板的卡槽内，并用2.0mm厚角铝件配螺钉固定在定位骨架上，钢龙骨上下两端分别固定于楼顶板和楼地板，见图3-21。

图 3-21 钢龙骨上下两端分别固定于楼顶板和楼地板

3.3.3 板材安装

整体异形人造石从制作到安装整体采用了总—分—总的思路,首先借助 2D、3D 电子软件将整体异形人造石分成若干个部分,再结合数控机械设备进而确保了模具造型的准确性,因此分块人造石在现场只需按顺拼装和适当的调整就基本可以达到设计的效果。现场施工人员根据分块人造石编号图,按照顺序将分块人造石逐一安装在内部骨架上(具体安装方式参见人造石安装节点),在墙体整体安装并调整到设计要求的造型效果后再安装顶棚板材;顶棚板材采用 ϕ8mm 全丝吊杆连接膨胀螺钉固定于结构楼顶板(吊装方式和顶棚轻钢龙骨的吊装方式相同),顶棚板材按序号图先就位再进行细部调整直至符合设计造型要求;最后是人造石地脚线安装,其以 0 层板的外边缘为准线逐一安放,必要时底部增加发泡剂,以保证板材完成面的平整度。人造石板材安装见图 3-22。

图 3-22 人造石板材安装

3.3.4 拼缝打磨

分块人造石整体拼装完成后进入拼缝处理阶段，首先将板与板之间的缝隙用修边机修出 2～4mm 的楔形槽，然后在该槽内插入加工好的人造石楔形条，并要求楔形条高出人造石板完成面 3～4mm，再用专用胶水（该胶水凝固后与人造石材料相同）填满人造石楔形条与槽之间的缝隙，用打磨机将高出的人造石及溢出的专用胶水打磨至设计要求的效果。按以上方法将所有板材拼缝处理完毕后，进行最后整体墙面找补、打磨、抛光处理阶段。由于人造石板材在安装过程中难免有被损坏（磕口、划痕），根据损害程度采用人造石板材配合专用胶水修补和单用专用胶水修补两种办法，修补完成后再进行大面积打磨，处理人造石表面凸凹不平的部位，为最后一道抛光工序做准备。人造石板材拼缝打磨见图 3-23。

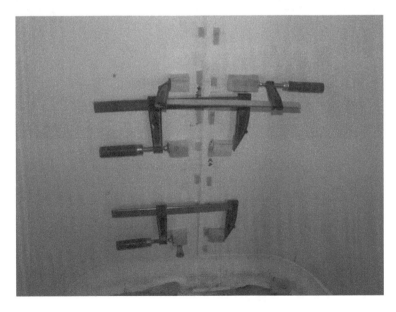

图 3-23　人造石板材拼缝打磨

3.3.5 抛光处理

抛光处理为整体异形人造石施工的收尾工序，该工序使用专用抛光机对人造石表面进行抛光处理直至达到设计要求的效果。人造石板材抛光处理见图3-24。

图 3-24 人造石板材抛光处理

3.4 垂直水幕系统施工技术

某工程垂直水幕系统由 20m 高程悬丝导流水幕系统、10m 高程双面溢流水幕系统两个系统组成，见图 3-25。

图 3-25　垂直水幕系统

3.4.1　技术难点

（1）流速及流量的控制问题

要求形成稳定、均匀的水流。

（2）水质处理问题

水质的净化和软化。

（3）荷载问题

水幕整体及附属设施对楼板的压力。

（4）载体材料

悬丝水幕和水幕墙材料的选择。

3.4.2 施工方案

(1) 流速及流量的控制

1) 悬丝导流水幕需精心计算导水嘴与导丝间隙的出水量、流速。

通过对导水嘴孔径与导线直径关系的计算和实验控制流量;

通过考虑水泵流量、调节阀、上部水箱压力、水载体摩擦力、水体重力加速度等因素来控制计算流速。

2) 双面溢流水幕需精心计算水封厚度和堰流量、总体水流量和流速。

3) 设计合理、精确的给水排水系统和循环系统、补水系统。

(2) 水质的处理

水处理采用活性炭过滤、沙缸过滤、加氯、除藻、消毒等方法,去除水中的杂质;用软化器进行水质软化处理,降低水中的钙、镁离子含量,防止导丝和亚克力水幕结碱,给清洁、维护带来问题。软化水处理是解决问题的核心技术和手段。

(3) 载体材料

1) 悬丝导流水幕:不锈钢上部渗水槽、铜质镀铬水嘴(孔径 25mm)、尼龙导水线(直径 2mm)。要求水珠沿鱼线均匀向下流动,形成一股一股的水线。悬丝导流水幕见图 3-26。

2) 双面溢流水幕:采用钢结构包不锈钢;立梃(40mm)压克力板立肋(40mm);压克力面无缝焊接构造。

3) 亚克力幕墙高 10m,落在水幕水池的地梁上,两侧用不锈钢龙骨支撑。要求水流沿垂直的亚克力表面均匀地向下流动,形成稳定的水幕。溢流水幕见图 3-27。

4) 水幕系统的结构

悬丝导流水幕和双面溢流水幕在水系统上合二为一,设专用机房,水位高度用电子感应器控制,整个水系统由给水、补水和循环水三个系统组成。

(a)

(b)

图 3-26 悬丝导流水幕

图 3-27 溢流水幕

3.5 高层井道系统轻钢龙骨石膏板隔墙施工技术

近年来，随着我国建筑业的高速发展，高层、超高层建筑越来越多，钢结构建筑也得到了迅速的发展。钢结构的高层或超高层建筑对所使用的材料提出比较苛刻的要求：在满足设计、使用要求的前提下，最大限度地提高空间使用率，同时要求尽量减少材料的自重。

高层井道系统轻钢龙骨石膏板隔墙技术源于欧洲，目前在发达国家已经得到了大量的应用，在我国的高层或超高层建筑中刚刚得到使用，主要运用在电梯井道、风管井道、竖井等设备管道较集中、空间较狭小的部位。轻钢龙骨石膏板隔墙见图 3-28。

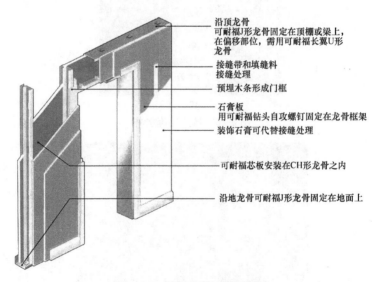

图 3-28 轻钢龙骨石膏板隔墙

3.5.1 技术特点

高层井道系统轻钢龙骨石膏板隔墙是一种轻钢龙骨石膏隔墙体系，与普通轻钢龙骨石膏板隔墙有所区别。

高层井道系统轻钢龙骨石膏板隔墙具有如下特点：

（1）高层井道系统是由石膏板固定在特制龙骨框架上而形成的非承重系统。

高层井道系统也是一种轻钢龙骨石膏板隔墙体系，较钢筋混凝土、砌筑墙体轻。该体系由天龙骨长翼 QUL 形龙骨、竖龙骨 CH 形龙骨、地龙骨 J 形龙骨组成龙骨体系，25mm 厚的芯板、12mm/15mm 厚的石膏板组成石膏板体系所构成。不同于普通轻钢龙骨石膏板体系的 QC 龙骨和 QU 龙骨。

（2）高层井道系统安装工作可在楼板一侧进行，不用在井道内部搭脚手架，从而节省造价。其最大的特点是施工人员位于有楼板的隔墙一侧，能将整个隔墙体系完成。从而避免在井道内部搭设脚手架，节约工程造价，同时也有效地缩短隔墙施工的工作时间。

高层井道系统的龙骨为 CH 形龙骨，与普通隔墙 QC 形龙骨相比，多出 H 形卡槽。

而普通轻钢龙骨石膏板体系必须在隔墙的两侧才能进行分别封板。

（3）高层井道系统的芯板兼具防火和防潮性能，用于井道内部。在半开放的施工条件下也可以进行井道系统的安装工作。

高层、超高层建筑管道井、机房面积较小，致使管道与隔墙之间的间隙较小，无法满足普通隔墙或管道安装施工工人的空间需求。高层井道系统轻钢龙骨石膏板隔墙由于其具备安装工作可在一侧进行的特点，从而较好地解决了空间交叉打架的问题。而普通轻钢龙骨石膏板体系必须在较开敞的空间才能进行施工。

3.5.2 工艺原理

现今应用的高层井道系统轻钢龙骨石膏板隔墙将普通轻钢龙骨隔墙的 QC 形龙骨改造为 CH 形龙骨，在 C 形的基层上增加 H 形卡槽，从而满足在井道有楼板的一侧进行隔墙施工的要求。

3.5.3　施工工艺流程及施工要点

3.5.3.1　工艺流程

施工准备→测量放线→验线→安装预埋件→安装天地 J 形（或 U 形长翼）龙骨→安装两侧 J 形龙骨→从一侧开始安装第一块芯板→安装第一根 CH 形龙骨→依次安装第二块芯板→依次安装第二根 CH 形龙骨→依次安装第 N 块芯板→依次安装第 N 根 CH 形龙骨→安装最后一块芯板→机电管线安装→龙骨隐蔽验收→安装岩棉→安装另一侧第一层石膏板→安装另一侧第二层石膏板→安装另一侧第三层石膏板→板缝处理→工序验收。

3.5.3.2　施工工艺要点

（1）施工准备

将轻钢龙骨、石膏板等材料准备就绪，施工机具准备到位，工人通过施工培训并且考试合格，施工部位的主体和二次结构、钢结构的防火涂料通过验收，隔墙深化设计图纸通过审核。

（2）测量放线

按照图纸设计要求确定墙体位置，用墨斗在地面弹出墙位宽度控制线，并将线引至侧墙及顶棚，同时标出门窗洞口位置。

（3）验线

由装饰部门、质量部门会同监理公司按照图纸要求和规范要求进行验线，墙体线验收合格后方可进行隔墙施工。

（4）安装天地 J 形（或 U 形长翼）龙骨

根据弹线位置，固定沿地、沿顶 J 形（或 U 形长翼）龙骨。混凝土部位采用膨胀螺栓，钢梁部位采用螺柱穿透焊。

（5）安装两侧 J 形龙骨（图 3-29）

安装墙体一侧第一根 J 形龙骨，并弯折龙骨上的金属小片，对于钢柱部位采用螺柱穿透焊。

（6）安装第一块芯板（图 3-30、图 3-31）

图 3-29　安装两侧 J 形龙骨

　　将第一块 25mm×600mm×2400mm 的耐水和防火纸面芯板卡入地面 J 形龙骨和两侧 J 形龙骨的芯板卡槽内，如芯板高度不够，则需按照余下的尺寸裁切芯板。按照上述同样的安装方式把芯板卡入龙骨槽内，接长芯板和下面的芯板之间必须打一道防火密封胶。接长的芯板要比隔墙的实际高度短 5mm，以保证墙体石膏板适应主体垂直变形的需要。

　　待第一块芯板安装完成后，把定尺 CH 形龙骨卡入天地 J 形（或 U 形长翼）龙骨槽内，同时用卡槽卡住已安装完毕的芯板，调整 CH 形龙骨的垂直度满足规范的要求。CH 形龙骨比隔墙的实际高度短 5mm，以保证龙骨适应主体垂直变形的需要。

　　（7）安装第二块芯板

图 3-30　安装第一块芯板

图 3-31　第一块芯板安装完成

　　待第一根 CH 形龙骨安装完毕后，按照安装第一块芯板的操作要求进行第二块 25mm 厚芯板的安装，把第二块 25mm×600mm×2400mm 的耐水和防火纸面芯板卡入地面 J 形龙骨和第一根 CH 形龙骨的芯板卡槽内，如芯板高度不够，则需按照余下的尺寸裁切芯板。按照上述同样的安装方式把芯板卡入龙骨槽内，接长芯板和下面的芯板之间必须打一道防火密封胶。接长的芯板要比隔墙的实际高度短 5mm，以保证墙体石膏板适应主体垂直变形的需要。

（8）安装第二根 CH 形龙骨

待第二块芯板安装完成后，把定尺长龙骨卡入天地 J 形龙骨，同时把卡槽推入已安装完毕的芯板，同时调整 CH 形龙骨的垂直度满足规范的要求。CH 形龙骨比隔墙的实际高度短 5mm，以保证龙骨适应主体垂直变形的需要。

（9）依次安装第 N 块芯板

（10）依次安装第 N 根 CH 形龙骨

（11）安装最后一块芯板

把最后一块芯板按照余下的尺寸裁切，按照上述同样的安装方式把芯板卡入龙骨槽内，接长芯板和下面的芯板之间必须打一道防火密封胶。接长的芯板要比隔墙的实际高度短 5mm，以保证墙体石膏板适应主体垂直变形的需要。

（12）机电管线安装

机电施工单位按照图纸施工墙体暗装管线和线盒，机电施工单位必须采用开孔器对龙骨进行开孔，严禁随意施工破坏已经施工完毕的龙骨。并且按照装饰龙骨安装的要求对各种管线和线盒进行加固。

（13）龙骨隐蔽验收

隔墙龙骨安装完成，自检合格后上报总承包单位、监理单位，由监理单位、总承包单位会同项目部进行隐蔽验收并做好隐蔽验收记录。

1）龙骨是否有扭曲变形，是否有影响外观质量的瑕疵；

2）沿顶、沿地龙骨之间是否预留变形空间。

3）管线是否有凸出外露，管线安装是否合理、美观。

（14）安装岩棉

在石膏板安装完毕一侧后，开始安装岩棉。先将岩棉裁成略小于竖龙骨间距的宽度备用，在一面石膏板上用建筑胶固定岩棉钉，保证每块岩棉等距固定在 4 个岩棉钉上。如遇龙骨内部有管线通过，应用岩棉把管线裹实。以墙高 3m、龙骨间距为 600mm 的石膏板墙安装岩棉为例，岩棉固定见图 3-32。

（15）安装外侧第一层石膏板

根据要求尺寸丈量纸面石膏板并做出记号，使用壁纸刀将面纸划开，弯折

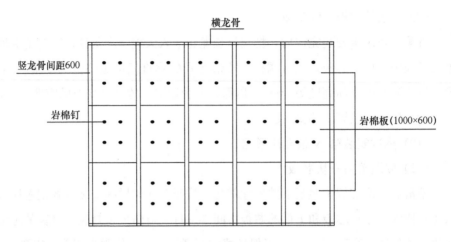

图 3-32　岩棉固定

纸面石膏板，从背面划断。将纸面石膏板铺放在龙骨框架上，用钻尾螺钉将石膏板固定在竖龙骨上，自攻螺钉要沉入板材表面 0.5～1mm，不可损坏纸面，内层板钉距板边 400mm，距板中 600mm，自攻螺钉距石膏板边距离为 10～15mm，从中间向两端钉牢。门窗部位应采用刀把形封板；隔墙下端的石膏板不应直接与地面接触，应留有 10mm 缝隙，石膏板与结构墙应留有 3mm 缝隙，缝隙可用密封胶嵌实。

（16）安装外侧第二层石膏板

安装第二层石膏板，方法同上，第二层石膏板必须与第一层石膏板的板缝错开。

（17）安装外侧第三层石膏板

安装第三层石膏板，方法同上，第三层石膏板必须与第二层石膏板的板缝错开。石膏板之间缝隙应小于 3mm。

（18）板缝、阴、阳角、面层处理同普通墙体

（19）工序移交

待区域部位隔墙施工完毕后，安排人员进行隔墙的面层清理，把面层清理干净并自行进行施工自检。自检合格后，上报监理单位、总承包单位，由监理

单位、总承包单位会同项目部进行验收。验收合格后，做好隔墙的阳角和面层的半成品保护，与下道工序施工单位办理正式移交手续。

3.5.3.3　工地现场特殊节点处理方案

（1）不同厚度的墙体节点图（图 3-33）

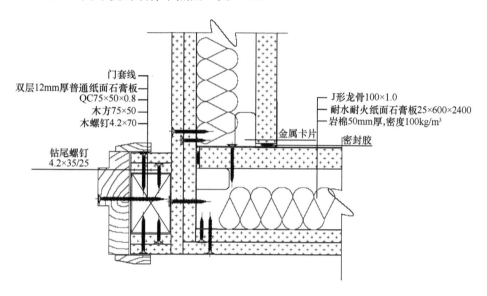

图 3-33　不同厚度墙体节点图

井道墙与厚度略小的普通墙体连接，常规做法如图 3-34 所示。先将井道墙做好后，再将普通墙体与其连接，最终封完石膏板后，面层平齐。建议现场施工时，先安装普通墙体，确保封完一层 12.0mm 石膏板后与井道第一层板面平齐，再将井道外层 15mm 石膏板封到普通墙体上，确保两种墙体连接处表层无板缝。现场施工时部分石膏板厚度将有所改变。

（2）墙体 90°及 T 形连接

井道隔墙 90°连接节点图见图 3-34。连接部位采用 J 形龙骨连接，长翼靠近井道一侧。连接处固定点间距为 600mm。

井道隔墙 T 形连接节点见图 3-35。在连接部位预设一根 CH 形龙骨，与侧墙 J 形龙骨相固定，固定点间距为 600mm。

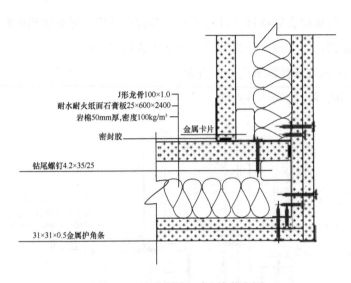

图 3-34　井道隔墙 90°连接节点图

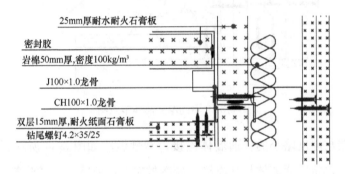

图 3-35　井道隔墙 T 形连接节点图

（3）管井门口做法

管井口做法示意图见图 3-36。门框采用 CH 形龙骨，外罩 U 形长翼龙骨，门楣采用 J 形龙骨侧翼剪开，向下弯折 300mm 与门框重合。

（4）井道隔墙与钢柱侧连接（图 3-37）

预先在钢柱内侧采用螺柱焊，使角钢与钢柱内侧固定，井道隔墙 J 形龙骨与预设角钢固定即可。

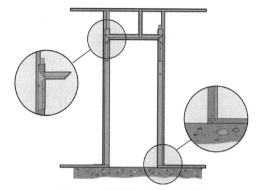

图 3-36　管井门口做法示意图

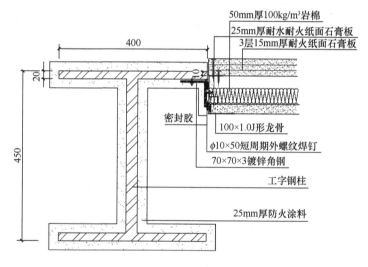

图 3-37　井道隔墙与钢柱侧连接图

（5）井道隔墙与钢梁侧偏连接（图 3-38）

在钢梁下端采用螺柱焊，预设方钢与钢梁固定，井道隔墙 U 形长翼龙骨与方钢固定即可。

（6）井道隔墙电梯呼叫盒安装

井道隔墙由梯呼叫盒节点图见图 3-39。在呼叫盒两侧增设两根独立普通竖龙骨，呼叫盒与这两根竖龙骨固定即可。

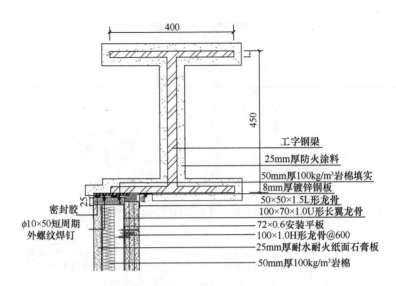

图 3-38 井道隔墙与钢梁侧偏连接图

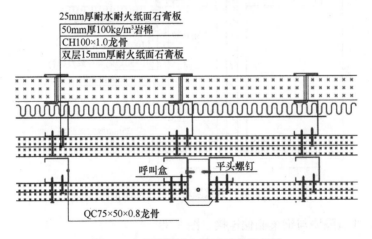

图 3-39 井道隔墙由梯呼叫盒节点图

（7）不同厚度管井墙体连接（图 3-40）

由于墙体防火要求不同，龙骨规格相同的情况下，石膏板层数将有所变化。为了保证墙体及门洞的一致性，两层石膏板墙体的竖龙骨表层需要预先安装同规格的一层石膏板条。表面的石膏板安装方法按常规安装即可。

（8）钢柱妨碍墙体正常通过

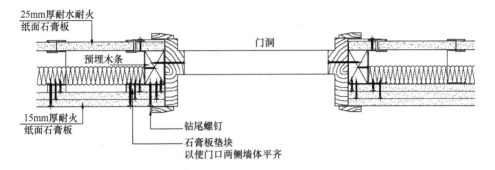

图 3-40　不同厚度管井墙体连接图

对于龙骨侧翼与钢柱表面（包含钢柱上的防火涂料）落差小于 30mm 的部位，采用粘结石膏贴面墙做法。用粘结石膏替代龙骨，粘结石膏块横向间距不大于 600mm，竖向净距不大于 100mm，依靠粘结石膏将石膏板与钢柱相连接。粘结石膏贴面墙做法见图 3-41。

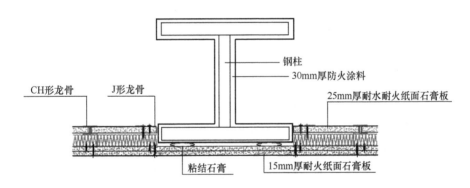

图 3-41　粘结石膏贴面墙做法图

对于龙骨侧翼与钢柱表面（包含钢柱上的防火涂料）落差大于 30mm，小于 125mm 的部位，采用轻钢龙骨贴面墙做法。用 U 形安装夹与钢柱螺柱焊方式连接，横向间距 600mm，竖向间距 900mm，用自攻螺钉将龙骨固定在安装夹上，石膏板按常规方法安装即可。轻钢龙骨贴面墙做法见图 3-42。

（9）钢柱转角石膏板连接（图 3-43）

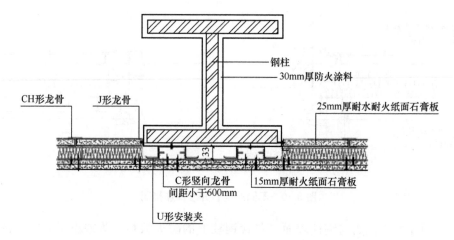

图 3-42 轻钢龙骨贴面墙做法图

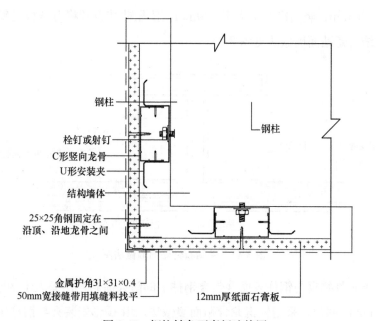

图 3-43 钢柱转角石膏板连接图

钢柱转角部位在石膏板内侧增设角钢或沿边 DU28mm×27mm×0.5mm 龙骨，用自攻螺钉将石膏板直接固定即可。

（10）斜 6°墙体的加强处理（图 3-44）

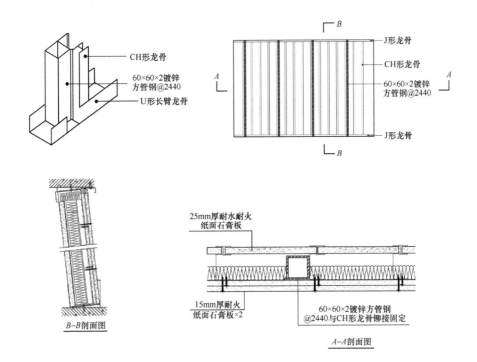

图 3-44 斜 6°墙体的加强处理

在墙体空腔部位每 1.5m 增设方钢，并且与 CH 形龙骨相固定，固定点间距 600mm，斜墙天地龙骨背部用水泥砂浆封堵密实。

（11）580mm 厚墙体连接（图 3-45）。

CH 形龙骨内侧必须与天地龙骨铆固，在净距 280mm 处平行安装普通 C 形 75mm 龙骨，竖向每 1.5m 处加设安装龙骨，与 CH 形龙骨背部相连并固定，封装完双层 12.0mm 石膏板后，墙体总厚度为 580mm。

（12）封包钢梁

对于钢梁两侧墙体，"工"字槽内，石膏板无法封堵，未安装龙骨前采用螺柱穿透焊，将镀锌钢板固定在钢梁上，以起到封包的作用。封包钢梁示意见图 3-46。

（13）井道隔墙与钢梁连接（图 3-47）

采用螺柱焊，将沿边 J 形龙骨直接固定在钢柱上（采用螺柱穿透焊）。固定点间距 600mm，端头 50mm。

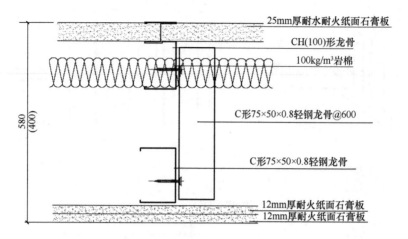

图 3-45　580mm 厚墙体连接图

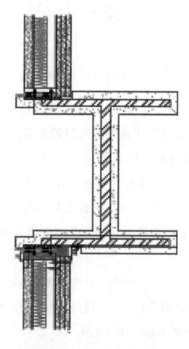

图 3-46　封包钢梁示意图

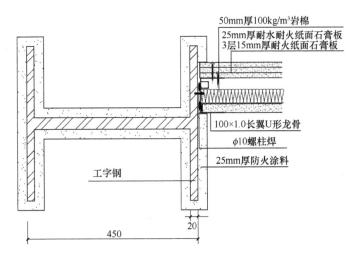

50mm厚100kg/m³岩棉
25mm厚耐水耐火纸面石膏板
3层15mm厚耐火纸面石膏板
100×1.0长翼U形龙骨
φ10螺柱焊
25mm厚防火涂料
工字钢
450
20

图 3-47　井道隔墙与钢梁连接图

（14）电梯门口做法（图 3-48）

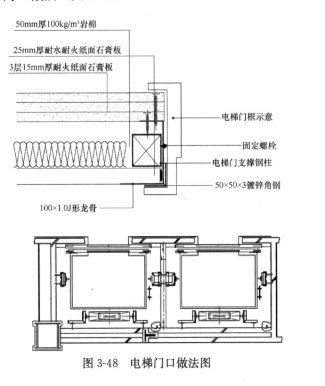

50mm厚100kg/m³岩棉
25mm厚耐水耐火纸面石膏板
3层15mm厚耐火纸面石膏板
电梯门框示意
固定螺栓
电梯门支撑钢柱
50×50×3镀锌角钢
100×1.0J形龙骨

图 3-48　电梯门口做法图

所有电梯门，均要增加独立的钢柱。

（15）管线安装

在墙体内，预先固定方钢，间距1500mm，安装25mm厚芯板时与机电部协调作业。在方钢上按要求焊接角钢，用以固定管线。

3.5.4 材料

（1）轻钢龙骨

厚度达到设计要求，外形要求平整、棱角清晰，切口不允许有影响使用的毛刺和变形。镀锌层不允许有起皮、起瘤、脱落等缺陷，无较严重的腐蚀、损伤、麻点，面积不大于$1cm^2$的黑斑每米长度不多于3处，并应同时满足《建筑用轻钢龙骨》GB/T 11981—2008、《建筑用轻钢龙骨配件》JC/T 558—2007、《轻钢龙骨石膏板隔墙、吊顶》07CJ03-1 的规定。轻钢龙骨分类见表3-4，CH形墙体龙骨技术指标见表3-5。

轻钢龙骨分类 　　　　　　　　　　　　　　　　　　　表3-4

名称	代号	断面	断面尺寸（mm）			使用部位	备注
			A	B	t		
长翼横龙骨	QUL50		50	70	1.0	天龙骨	
	QUL75		75	70	1.0		
	QUL100		100	70	1.0		
CH形龙骨	CH75		75		1.0	竖龙骨	
	CH100		100	35	1.0		
	CH150		150		1.0		
J形龙骨	J75		75		1.0	地龙骨 沿边龙骨	
	J100		100	30/60	1.0		
	J150		150		1.0		
贴面墙龙骨	DC60		60	27	0.6	竖龙骨	
贴面墙横龙骨	DU28		28	27	0.5		
U形安装夹			60	125	0.8		

续表

名称	代号	断面	断面尺寸			使用部位	备注
			A	B	t		
安装龙骨			72	—	0.6		
金属护角条		金属护边条					

注：t 为型材厚度。

CH 形墙体龙骨技术指标   表 3-5

名称	指标	
成品龙骨要求	执行标准	GB/T 11981—2008 优等品
	外观质量	无腐蚀、损伤、黑斑、麻点
	长度偏差	±10mm
	厚度偏差	±0.03mm
	尺寸偏差 尺寸 A	±0.3mm
	尺寸偏差 尺寸 B	±0.5mm
	侧面平直度	≤0.5mm/1000mm
	底面平直度	≤0.7mm/1000mm
	弯曲内角半径	≤1.5mm
	角度偏差	≤±50′
	抗冲击试验	残余变形量≤8mm
	静载试验	残余变形量≤1.5mm
	双面镀锌量	≥120g/m²
	双面镀锌厚度	≥14μm

注：A、B 见表 3-4。

（2）纸面石膏板主要性能指标（表3-6）

纸面石膏板主要性能指标 表3-6

名称	指标		
12mm 普通 石膏板	执行标准		GB/T 9775—2008
	外观质量		纸面石膏板表面应平整，不得有影响使用的破损、波纹、沟槽、污痕、过烧、亏料、边部漏料和纸面脱开等缺陷
	尺寸偏差（mm）	长度偏差	—6～0
		宽度偏差	—5～0
		厚度偏差	±0.5
	对角线长度差		≤3mm
	楔形棱边断面尺寸	楔形棱边宽度	30～50mm
	弯曲内角半径	楔形棱边深度	0.6～1.5mm
	断裂荷载	纵向	≥550N
		横向	≥200N
	单位面积质量		≤11kg/m²
	护面纸与石膏芯的粘结		护面纸与石膏芯的粘结良好
12mm 防火 石膏板	执行标准		GB/T 9775—2008
	外观质量		纸面石膏板表面应平整，不得有影响使用的破损、波纹、沟槽、污痕、过烧、亏料、边部漏料和纸面脱开等缺陷
	尺寸偏差（mm）	长度偏差	—3～0
		宽度偏差	—3～0
		厚度偏差	±0.3
	对角线长度差		≤3mm
	楔形棱边断面尺寸	楔形棱边宽度	30～50mm
	弯曲内角半径	楔形棱边深度	0.6～1.5mm
	断裂荷载	纵向	≥550N
		横向	≥210N
	单位面积质量		≤11kg/m²
	护面纸与石膏芯的粘结		护面纸与石膏芯的粘结良好
	遇火稳定性		≥50min

名称	指标		
15mm 防火 石膏板	执行标准		GB/T 9775—2008
	外观质量		纸面石膏板表面应平整,不得有影响使用的破损、波纹、沟槽、污痕、过烧、亏料、边部漏料和纸面脱开等缺陷
	尺寸偏差(mm)	长度偏差	−3~0
		宽度偏差	−3~0
		厚度偏差	±0.3
	对角线长度差		≤3mm
	楔形棱边断面尺寸	楔形棱边宽度	30~50mm
	弯曲内角半径	楔形棱边深度	0.6~1.5mm
	断裂荷载	纵向	≥750N
		横向	≥300N
	单位面积质量		≤14kg/m²
	护面纸与石膏芯的粘结		护面纸与石膏芯的粘结良好
	遇火稳定性		≥50min
25mm 耐水 耐火 芯板	执行标准		GB/T 9775—2008
	外观质量		纸面石膏板表面应平整,不得有影响使用的破损、波纹、沟槽、污痕、过烧、亏料、边部漏料和纸面脱开等缺陷
	尺寸偏差(mm)	长度偏差	−3~0
		宽度偏差	−3~0
		厚度偏差	±0.3
	对角线长度差		≤3mm
	楔形棱边断面尺寸	楔形棱边宽度	30~50mm
	弯曲内角半径	楔形棱边深度	0.6~1.5mm
	断裂荷载	纵向	≥1300N
		横向	≥750N
	单位面积质量		≤24kg/m²
	护面纸与石膏芯的粘结		护面纸与石膏芯的粘结良好
	遇火稳定性		≥50min
	吸水率		≤8%
	表面吸水率		≤160kg/m²

（3）岩棉主要性能指标（表 3-7）

岩棉主要性能指标

表 3-7

序号	项目	标准值
1	长度	−3～10mm
2	宽度	±3mm
3	厚度	±2mm
4	体积密度	≤15%
5	尺寸偏差	−3～0mm
6	渣球含量	≤4%
7	纤维平均直径	≤6.5μm
8	热荷重收缩温度	≥620℃
9	导热系数	≤0.040W/（m·K）

3.5.5 质量控制

（1）主控项目

1）轻钢龙骨隔墙所用龙骨、配件、墙面板、填充材料及嵌缝材料的品种、规格、性能和木材的含水率应符合设计要求。有隔声、隔热、阻燃、防潮等特殊要求的工程，材料应有相应性能等级的检测报告。

检验方法：观察，检查产品合格证书、进场验收记录、性能检测报告和复验报告。

2）轻钢龙骨隔墙工程边框龙骨必须与基体连接牢固，并应平整、垂直、位置正确。

检验方法：手扳检查，尺量检查，检查隐蔽工程验收记录。

3）轻钢龙骨隔墙中龙骨间距和构造连接方法应符合设计要求。骨架内设备管线的安装、门窗洞口等部位加强龙骨应安装牢固、位置正确，填充材料的设置应符合设计要求。

检验方法：检查隐蔽工程验收记录。

4）轻钢龙骨隔墙的墙面板应安装牢固，无脱层、翘曲、折裂和缺损。

检查方法：观察、手扳检查。

5) 墙面板所用接缝材料的接缝方法应符合设计要求。

检查方法：观察。

(2) 一般项目

1) 骨架隔墙表面应平整光滑、色泽一致、洁净、无裂缝，接缝应均匀、顺直。

检查方法：观察，手摸检查。

2) 骨架隔墙上的孔洞、槽、盒应位置正确，套割吻合，边缘整齐。

检查方法：观察。

3) 骨架隔墙内的填充材料应干燥，填充应密实、均匀、无下坠。

检查方法：轻敲检查，检查隐蔽工程验收记录。

4) 骨架隔墙安装的允许偏差和检验方法应符合表 3-8 的规定。

骨架隔墙安装的允许偏差和检验方法　　　　　　　　表 3-8

项次	项目	允许偏差（mm）	检验方法
1	表面平整度	2	用 2m 靠尺和塞尺检查
2	接缝高低差	1	用钢直尺和塞尺检查
3	立面垂直度	2	用 2m 垂直检测尺检查
4	阴阳角方正	2	用直角检测尺检查

3.5.6 安全措施

(1) 工人施工作业前必须经过培训、安全交底，施工中佩戴好安全帽和安全带。

(2) 测量放线和施工时如遇临边防护栏杆时，不得私自将其拆除或改动，须报项目安全部批准后才可拆改；弹完线后立即恢复防护；施工过程中，应悬挂醒目标志提示其他施工人员。

(3) 施工现场的一切洞口必须加盖，设围栏、防护棚，并加警告宣传标志。

（4）施工中所搭设的架子应有支搭方案，并经安全、技术部门验收合格后方可使用。

（5）配电设施的金属外壳应有可靠的保护线连接，移动式电动工具及手持电动工具的保护线必须采用铜芯软线，并应采用高灵敏的漏电保护装置。

（6）施工现场临时用电，应按规范要求编制临时用电施工组织设计并严格贯彻实施。

3.5.7 环保措施

（1）施工现场严格管理，施工垃圾定点堆放。

（2）施工现场保证工完场清。

3.6 锈面钢板施工技术

近年来，我国经济的腾飞、建筑业的蓬勃发展、科技的不断进步，对装修装饰的效果提出了更高的需求。因此，国内引进或出现了大量的新型装饰装修材料。

装饰装修面层材料采用锈面钢板（图 3-49）的做法源于欧洲，随着我国

图 3-49 锈面钢板

与世界的接轨，国外的设计理念逐步为国人接受，锈面钢板这种新颖的材料开始被运用于国内的一些大型建筑室内装修中。

锈面钢板由耐候钢材料制成，经与空气、雨水等作用，在钢材表面自动形成抗腐蚀的保护层，可满足既美观又不影响产品使用功能的要求。

3.6.1 施工技术特点

锈面钢板是一种新型建筑的建筑材料，具有如下特点：

（1）可塑性强

锈面钢板的原材料来源于普通压型钢板，在生产车间可加工成设计所要求的任何规格和形状。

（2）整体美观、环保

锈面钢板是由加工好规格尺寸的耐候钢通过自然作用而形成，没有经过多少人为的化学处理，因此整体较美观、环保。

（3）强度高

锈面钢板的原材料为钢板，其抗压强度较高。

（4）自重大

锈面钢板的元素为钢铁，密度大，在相同的板幅下，比一般的装饰饰面板要重。

3.6.2 施工技术适用范围

本施工技术适用于建筑物中的室内装饰墙面。

3.6.3 工艺原理

首先根据放线点位进行锈面钢板基层龙骨的焊接，再按照施工排板图要求进行二次放线；确定锈面钢板板块的完成位置后，安装挂件；最后进行锈面钢板安装。

3.6.4 施工工艺流程及施工要点

3.6.4.1 施工工艺流程

前期准备→测量、放线→一次验线→焊接钢龙骨→基层钢架隐蔽验收→二次放线→二次验线→安装挂件→锈面钢板安装→板面清理→验收。

（1）前期准备

锈面钢板安装前，根据已审批深化设计图纸要求，认真核实安装部位的结构实际尺寸及偏差情况，例如墙面基体的垂直度、平整度及由于纠正偏差所增减的尺寸，绘出修正图。修正图中每块锈面钢板都应编号，与料单一一对应，检查材料的规格、型号是否正确，与料单是否相符。

（2）测量放线

按照施工排板图要求的板块的横竖间距弹线，先弹出竖龙骨位置线，校对无误后再弹出横龙骨位置线，根据竖龙骨位置线弹出顶面及地面后置钢板位置，在竖龙骨连接处（与钢梁水平）弹出钢牛腿的位置线。竖龙骨（80mm×80mm×6mm 方管）间距为 1000mm，横龙骨（50mm×50mm×5mm 角钢）位置为每块锈面钢板上下边接缝处，后置钢板（180mm×180mm×10mm）竖龙骨地面、顶面各一块，钢牛腿（400mm×1000mm×10mm）竖龙骨连接处与钢梁进行加固。

（3）一次验线

由总承包单位装饰部、质量部会同监理公司按照图纸要求和规范要求进行验线，验收合格后方可施工。

（4）焊接竖、横龙骨

根据放线点位进行锈面钢板基层龙骨的焊接，按照放好的后置钢板位置线，用 φ14 的钻头在楼板上打孔，钢板根据钻孔位置用 φ12 膨胀螺栓固定。第一层竖向龙骨（80mm×80mm×6mm 方钢）居中固定于地面钢板上焊接，间距为 1000mm，上端与焊接在钢梁上的两片钢牛腿（400mm×1000mm×10mmT 形钢板）进行焊接，间距 1000mm；第二层竖龙骨的下端与第一层竖龙骨的上端进行焊接，上端与焊接在钢梁上的两片钢牛腿（400mm×1000mm×10mmT形钢板）进行焊接；第三层竖龙骨的下端与第二层竖龙骨的上端进行焊接，上端与固定在楼板上的钢板（或钢牛腿）进行焊接。竖龙骨校对无误后再根据放置的横龙骨位置线在竖龙骨上焊接50mm×50mm×5mm角钢作为横龙骨，横龙骨间距根据锈面钢板排板图进行焊接。

焊接龙骨前，需进行地基层的勘查处理。骨架焊接完毕后，即进行骨架的防腐处理，涂刷两遍防锈漆。并控制第一道、第二道防锈漆的间隔时间不小于12h。

在挂件安装前必须全面检查骨架位置是否准确、焊接是否牢固，并检查焊接缝质量。

（5）基层隐蔽验收

由总承包单位会同监理公司按照图纸要求和规范要求进行基层隐蔽验收，验收合格后方可进行后续施工。

（6）二次放线

按照施工排板图要求进行二次放线，确定锈面钢板板块的完成位置。同时检查钢骨架，确保方钢、角钢骨架安装后处于同一平面上（误差不大于5mm），验证板材水平龙骨及水平线的正确，以此控制拟安装板缝的水平高度。

（7）二次验线

由总承包单位会同监理公司按照图纸和规范要求进行验线，线验收合格后方可进行后续施工。

（8）安装挂件

根据二次放线的锈面钢板位置确定挂件间距，并确定墙面位置进行安装。利用螺栓将铝合金挂件固定在横龙骨上，上、下挂件错位进行安装，同类挂件完成面要保持在同一水平面上。

（9）安装锈面钢板

根据排板图，在最下排端部两侧进行试装，调整好垂直度、水平度后进行固定，作为整个板面的充筋面。然后，根据已安装好的充筋板向中间进行安装，板块竖向保持 3mm 干缝。第 1 排板安装完后进行第 2 排板的安装，第 2 排板用预先放置好的吊钩，钩住板后侧的加强肋；吊钩与电动葫芦拉锁连接，电动葫芦固定在顶部支架上，自下往上提升，提升至第 1 排板的上端；对好挂件的位置缓缓下落，插入下挂件槽中；然后调节上挂件螺杆，把垂直、水平面调整好进行固定，板块水平方向保持 3mm 干缝；然后安装另一侧板块，直至第 2 排板安装完成。第 3、4、5 排板安装方法同第 2 排。

（10）清理

1）待全部锈面钢板安装完毕后灰尘的处理

轻度的灰尘用掸子或吸尘器去除。对掸子或吸尘器不能去除的灰尘可以使用清水洗涤；注意洗涤时不要使用容易掉纤维的抹布，以免纤维残留在饰面上，并且洗涤时不宜以画圆的动作清洗，应该沿水平或垂直方向运动。清洗后应立即吸干水分。

2）污染物的处理

饰面受到昆虫尸体、茶汁、饮料汁等污染后应尽快采取清洗措施，清洗时可以使用洗涤剂或皂液，清洗方法和水洗相同；用洗涤剂或皂液洗涤后，需要用清水再洗一次，以去除残留的洗涤剂或皂液，然后立即吸干水分。清理完成做好成品保护。

3.6.4.2 施工要点

（1）工程主体和安装工程必须通过有关部门的工程质量验收，验收合格后方可进行锈面钢板墙面工程施工。

（2）建筑外围护全部完工，幕墙安装到位并采取有效的阻止雨水下落的措施。

（3）安装现场应保持通风且清洁干燥，地面不得有积水、油污等，电气设备末端等半成品必须做好半成品和成品保护措施。

（4）施工前责任工程师写出详细书面技术交底及安全技术交底资料，并对施工队伍负责人进行交底，项目技术负责人对施工人员进行二次交底。书面交底经总包审核后方可对施工队进行交底。

（5）安装前应按设计要求核对材料品种、规格、数量，所有的材料必须有材料检测报告、合格证。大面积施工前先做好样板间，经有关质量部门检查鉴定合格后，方可组织班组进行大面积施工。

（6）施工人员进场进行集体培训，提高管理、操作人员安全质量意识。在施工过程中及时检查施工状况及质量情况，加强过程控制，防止返工。

（7）待移动脚手架及人字梯验收合格后，方可进行施工。

（8）材料的搬运、存放、安装应采取相应措施，防止受潮、变形、板面损坏及边角磕碰。板面不平、边角不整、锈蚀扭曲的禁止使用。

（9）按照建筑设计要求进行吊顶板块排板的深化设计，深化设计图纸通过设计确认后，方可施工。

（10）锈面钢板施工前，钢结构的防火涂料必须完工并通过验收，同时做好工序移交手续。

3.6.5 材料

厚度应达到设计要求，外形要求平整、棱角清晰，切口不允许有影响使用的毛刺和变形。面层不允许有起皮、起瘤、脱落等缺陷，无较严重的腐蚀、损伤、麻点。用符合《耐候结构钢》GB/T 4171—2008 标准的高耐候钢作基材。该材料强度高、韧性好、耐腐蚀性优良。表面经受控腐蚀后采用特种罩面封固。锈面钢板材料特性与加工要求见表 3-9。

锈面钢板材料特性与加工要求　　　　　　　　　　　　表 3-9

项目		指标	标准
主材	高耐候钢	屈服强度＞345N/mm²	GB/T 4171—2008
		抗拉强度＞480N/mm²	
		伸长率＞22%	
		宽度（mm）：1050、1250、1500 厚度（mm）：3～11	

项目		指标	标准
面层	正表面处理	受控腐蚀＋罩面封固	GB/T 9286—2021 GB/T 1733—1993 GB 9274—1988 HG/T 2454—2014
	背面处理	防锈漆两道	50μm
加工要求	平面内尺寸偏差	±1.5mm	GB 50018—2002
	平面外尺寸偏差	±1.5mm	
	对角线偏差	±3.0mm	
	背面加强肋高差	±1.5mm	

3.6.6 质量控制

3.6.6.1 主控项目

（1）墙面锈面钢板与基层钢龙骨的连接应紧密，表面应平整，不得有污染、折裂、缺棱、掉角、锤伤、划痕等缺陷。

（2）现场货物验收包括资料验收与产品验收两部分。

（3）随货到场的资料包括当批货物的数量、规格清单，当批货物的产品合格证。

（4）产品检验包括外观及尺寸检验。其中外观要求单块板上无明显色斑、无机械划伤，同一批次的同一装饰面上不同板块无明显色差；平面内尺寸检验使用钢卷尺，长度尺寸偏差板长小于 2m（含）不超过±1.5mm，板长大于2m 不超过±2mm；宽度尺寸偏差不超过±1.5mm，对角线尺寸偏差不超过±3.0mm；平面外尺寸检验使用 1m 靠尺及塞尺，1m 靠尺范围内凹凸不超过±1.5mm；上下水平加劲肋尺寸检验加强肋高差不超过±1.5mm。

（5）锈面钢板的品种、防腐、规格、形状、平整度、几何尺寸、光洁度、颜色和图案必须符合设计要求，应有产品合格证、进场验收记录和性能检测报告。

（6）面层与基层应安装牢固，挂配件必须符合设计要求和国家现行有关标准的规定，碳钢配件需做防锈、防腐处理，焊接点做防腐处理。

（7）锈面钢板安装工程的预埋件、连接件的数量、规格、位置、连接方法和防腐处理必须符合设计要求。饰面石材安装必须牢固。

（8）锈面钢板开孔、槽的位置、数量、尺寸、壁厚应符合设计要求。检验方法：观察和尺量检查。

（9）饰面板接缝做法应符合设计要求。

3.6.6.2 一般项目

（1）表面平整、洁净。拼花正确、纹理清晰通顺，颜色均匀一致，非整板部位安排适宜，阴阳角处的板压向正确。

（2）缝格均匀，板缝通顺，接缝填嵌密实，宽窄一致，无错台错位。

（3）饰面板上的孔洞套割应尺寸正确，边缘整齐、方正。与电器口盖交接严密、吻合，无缝隙。

（4）锈面钢板尺寸允许偏差见表 3-10。

锈面钢板尺寸允许偏差　　　　　　　　　　表 3-10

项次	项目	容许偏差（mm）	检查方法
1	立面垂直	2	用 2m 托线板和尺量检查
2	表面平整	1	用 2m 托线板和尺量检查
3	阴阳角方正	2	用 20cm 方尺和塞尺检查
4	接缝平直	1	用 5m 小线和尺量检查
5	墙裙上口平直	1	用 5m 小线和尺量检查
6	接缝高低	0.5	用钢板短尺和塞尺检查
7	接缝宽度	1	用尺量检查

3.6.7 安全措施

（1）所有进入施工现场的人员必须佩戴安全帽、穿防滑鞋，高空作业时必须系好安全带。

（2）各种材料应存放在专用库房内，不得与其他材料混放。严禁在库房内吸烟和使用任何明火。

（3）高度 2m 以下作业（超过 2m 按规定搭设脚手架）使用的人字梯应检查木梯的安全性；四脚落地，摆放平稳，梯脚应设防滑橡皮垫和保险拉链并在确保安全的情况下进行施工；严禁同时两人在人字梯上操作，严禁站在人字梯最上一步骑在梯子端部施工。

（4）高度 2m 以上作业的人字梯，必须按规定搭设施工操作架，四脚落地，摆放平稳，操作台面必须满铺跳板，设置护身杆。每日施工前必须检查操作架是否安全可靠。严禁上下交叉作业，操作台面严禁堆放材料，使用的工具必须摆放平稳，操作架移动时要清理干净架子上的材料、工具及人员，防止坠落伤人。上架施工人员必须严格按安全操作规范施工。

（5）高度大于 5m 的墙面用脚手架施工，遵守脚手架施工方案。

（6）存在立体交叉作业的工程，需在施工作业面的上层楼层做好硬遮挡防护。

（7）如果是采用活动架子施工，移动活动架子时，施工人员必须下架子，方可移动架子。

（8）施工现场洞口、临边必须按照施工现场安全规范和有关规定做好防护，并做好标示工作。

（9）施工现场临时用电必须按照现场临时用电规范要求做好施工用电和临时照明，并做好标示。

（10）脚手架施工时应合理安排垂直作业，尽量避免在同一垂直线上工作；必须同时作业时，必须做好防护后方可进行。

（11）严禁穿硬底鞋、拖鞋、高跟鞋在架子上工作，架子上人数不得集中在一起，工具摆放平稳，以防止坠落伤人。

3.6.8 环保措施

（1）施工现场严格管理，垃圾定点堆放。

（2）施工现场保证工完场清。锈面钢板施工现场完工照片见图 3-50。

图 3-50　锈面钢板施工现场完工照片

3.7　隔振地台施工技术

3.7.1　工程概况

酒店内装修部分主要分为大堂、餐厅、游泳池、空中酒吧、客房等。为打造酒店高品质的装饰效果及绿色环保的元素，在装饰上可采用多种新材料、新工艺，客房区地面新型装饰材料——隔声减振垫的选用就是其中一个亮点。

3.7.2　材料介绍

隔振地台中的主要隔声材料是隔声减振垫（图 3-51）。这种材料是一种绝缘的高分子隔声防水卷材，具有出众的耐久性和使用寿命，同时还具有非常好的柔韧性，它是一种惰性材料，生产和使用此产品时都不会对环境构成影响。

三元乙丙橡胶能有效消除撞击声在建筑物中的传播，消除低频噪声依靠的是三元乙丙橡胶的共振效果。在隔振地台中运用此新型隔声材料和高标准的施工技术来达到隔声要求。

图 3-51 隔声减振垫

3.7.3 施工工艺

严格按照《建筑隔声评价标准》GB/T 50121—2005 及建筑装饰装修相关规范要求进行施工。

3.7.3.1 施工准备

（1）技术准备

1）认真查看施工蓝图和做法表，明确具体部位的施工做法，结合图集、标准及施工手册确定各部位的做法和质量要求；

2）编制施工方案，首先进行内部会签，通过后报监理审批，监理审批通过后严格执行；

3）方案审批通过后，对工长和全体相关人员进行书面交底。

（2）生产准备

1）落实劳务班组对每位作业人员进行三级安全交底；

2）按照项目总控进度计划，组织相应劳动力及物资设备进场，准备开展施工。

（3）主要机具设备（表 3-11）

主要机具设备 表 3-11

名称	型号	单位	名称	型号	单位
钢丝刷	—	把	粉笔	—	盒

名称	型号	单位	名称	型号	单位
剪刀	—	把	钢卷尺	5m	把
齿形刮刀	—	把	扫帚	—	把
抹布	—	块	检测尺	JZC-2	套

（4）材料准备

1）做好材料的供应计划，按时组织材料进场，根据现场的实际情况做好供应工作，确保满足现场的实进度要求。

2）材料进场严格执行《建筑装饰装修工程质量验收标准》GB 50210—2018 中材料要求的进场报验和检验手续，经进场验收合格后方可入库使用，严禁使用不合格的材料。

3）主要材料计划见表3-12。

主要材料计划 表3-12

序号	材料名称	单位	进场时间
1	隔振地台弹性层隔声垫	m^2	开工后陆续进场
2	PU 地板胶（马贝 G19）	kg	开工后陆续进场
3	防水膜		开工后陆续进场

（5）材料要求

隔振地台工程中所选用的材料进场时必须提供材料的出场合格证、检测报告、环保检测报告及相关隔声要求的检测报告。所有材料必须满足设计及国家有关规范和技术标准要求才能进场，进场后必须按照规范要求进行现场取样，送到检测部门进行检测复试，检测复试合格并且达到设计和规范要求的指标后方可使用。

工程使用的隔声材料、胶粘剂、水泥、砂等都必须提供合格证、检测报告、水泥和砂的放射性复试检测报告、隔声材料的复试隔声检测报告。

3.7.3.2 施工工艺

（1）工艺流程

基层清理→界面剂处理→地面刮地板胶→铺隔声垫→铺防水膜→水泥砂浆及钢丝网施工→石材胶粘剂施工→地面面层石材铺贴→工程质量验收。

（2）施工条件

1）基层要求：楼板厚度≥15cm，表面平整、光滑。

2）表面要求：表面无粉尘、浮沙、杂物。

（3）施工工序

1）对地面进行检查，对突出部位给予清除，对地面、粉尘、浮沙杂物进行清理。确保地面平整、光滑。

2）用界面剂对地面进行界面处理，增强地面的附着力。

3）用 3mm 的齿形刮刀，将 PU 地板胶（马贝 G19）均匀平刮在地面，厚度 3mm（用量为 $0.8\sim1kg/m^2$）。

4）将 8mm 隔声垫按现场尺寸裁剪好，平铺在 PU 地板胶面压实，使之完全粘合。围边的施工方法与地面相同。

5）待 PU 地板胶干固后，表面覆盖一层防水膜。对隔声地垫进行保护。

6）防水胶膜贴完后，用水泥砂浆（内放 50mm×50mm 网格的 1.6mm 钢丝网，增加粘结力），做成 35mm 厚的保护层。

7）待保护层干固后，在表面上用石材粘合剂，将石材粘好。

3.7.4 质量标准

3.7.4.1 保证项目

（1）水泥砂浆原材料（水泥、砂）、外加剂、配合比及其做法，必须符合设计要求和施工规范的规定。

（2）隔声层与基层必须结合牢固，无空鼓。

3.7.4.2 基本项目

（1）外观：表面平整、密实，无裂纹、起砂、麻面等缺陷。阴阳角呈圆弧形，尺寸符合要求。

（2）留槎位置正确，按层次顺序操作，层层搭接紧密。

（3）应注意的质量问题

1）空鼓、裂缝：基层未处理好，刷素浆前混凝土表面未进行凿毛，油污处未用灰碱刷洗干净，以致出现空鼓、裂缝。另外，养护不好、养护期限不够，也是原因之一。

2）渗漏：各层抹灰时间掌握不当，出现流坠。素浆干得太快，抹面层砂浆粘结不牢造成渗水。接槎、穿墙管等细部处理不当，造成局部渗漏。

隔振地台对都市居民住宅及酒店等建筑起到了隔离噪声和保证环境安静的作用，值得大面积推广。

4 专项技术研究

4.1 地面工程施工技术

4.1.1 地面石材施工技术

4.1.1.1 材料要求

（1）天然大理石、花岗石的品种、规格应符合设计要求，技术等级、光泽度、外观质量要求，应符合国家标准《天然大理石建筑板材》GB/T 19766—2016、《天然花岗石建筑板材》GB/T 18601—2009 的规定。

（2）水泥：硅酸盐水泥、普通硅酸盐水泥或矿渣硅酸水泥，其强度等级不宜小于 42.5 级。白水泥：白色硅酸盐水泥，其强度等级不小于 42.5 级。

（3）砂：中砂或粗砂，其含泥量不应大于 3%。

（4）矿物颜料（擦缝用）、蜡、草酸。

4.1.1.2 主要机具

手提切割机、靠尺、水桶、抹子、墨斗、钢卷尺、尼龙线、橡皮锤（或木槌）。

4.1.1.3 作业条件

（1）大理石、花岗石板块进场后，应侧立堆放在室内，光面相对，背面垫松木条，并在板下加垫木方。详细核对品种、规格、数量等是否符合设计要求，有裂纹、缺棱、掉角、翘曲和表面有缺陷时，应予剔除。

（2）室内抹灰（包括立门口）、地面垫层、预埋在垫层内的电管及穿通地面的管线均已完成。

（3）房间内四周墙上弹好＋50cm 水平线。

（4）施工操作前应画出铺设大理石地面的施工大样图。

4.1.1.4　操作工艺

（1）工艺流程

准备工作→试拼→弹线→试排→刷水泥浆及铺砂浆结合层→铺大理石板块（或花岗石板块）→灌缝、擦缝→打蜡。

（2）准备工作

以施工大样图和加工单为依据，熟悉了解各部位尺寸和做法，弄清洞口、边角等部位之间的关系。

（3）基层处理：将地面垫层上的杂物清理干净，用钢丝刷刷掉粘结在垫层上的砂浆，并清扫干净。

（4）试拼：在正式铺设前，应对每一房间的大理石（或花岗石）板块按图案、颜色、纹理进行试拼；将非整块板对称排放在房间靠墙部位；试拼后按两个方向编号排列，然后按编号码放整齐。

（5）弹线：为了检查和控制大理石（或花岗石）板块的位置，在房间内拉十字控制线，弹在混凝土垫层上，并引至墙面底部；然后依据墙面＋50cm标高线找出面层标高，在墙上弹出水平标高线，弹水平线时要注意室内与楼道面层标高一致。

（6）试排：在房间内的两个相互垂直的方向铺两条干砂，其宽度大于板块宽度，厚度不小于3cm。结合施工大样图及房间实际尺寸，把大理石（或花岗石）板块排好，以便检查板块之间的缝隙，核对板块与墙面、柱、洞口等部位的相对位置。

（7）刷水泥素浆及铺砂浆结合层：试铺后将干砂和板块移开，清扫干净，用喷壶洒水湿润，刷一层素水泥浆（水灰比为0.4～0.5，涂刷面积不能过大，随铺砂浆随刷）。根据板面水平线确定结合层砂浆厚度，拉十字控制线，开始铺结合层干硬性水泥砂浆（一般采用1：3～1：2的干硬性水泥砂浆，干硬程度以手捏成团、落地即散为宜），厚度控制在放上大理石（或花岗石）板块时宜高出面层水平线3～4mm。铺好后用大杠刮平，再用抹子拍实找平（铺摊面积不得过大）。

（8）铺砌大理石（或花岗石）板块

1）板块应先用水浸湿，待擦干或表面晾干后方可铺设。

2）根据房间拉的十字控制线，纵横各铺一行，作为大面积铺砌标筋用。依据试拼时的编号、图案及试排时的缝隙（板块之间的缝隙宽度，当设计无规定时不应大于1mm），在十字控制线交点开始铺砌。先试铺，即搬起板块对好纵横控制线铺落在已铺好的干硬性砂浆结合层上，用橡皮锤敲击木垫板（不得用橡皮锤或木槌直接敲击板块）；振实砂浆至铺设高度后，将板块掀起移至一旁，检查砂浆表面与板块之间是否相吻合；如发现空虚之处，应用砂浆填补；然后正式镶铺，先在水泥砂浆结合层上满浇一层水灰比为0.5的素水泥浆（用浆壶浇均匀），再铺板块；安放时四角同时往下落，用橡皮锤或木槌轻击木垫板，根据水平线用铁水平尺找平，铺完第一块，向两侧和后退方向顺序铺砌。铺完纵横行之后有了标准，可分段分区依次铺砌，一般房间宜先里后外进行，逐步退至门口，便于成品保护，但必须注意与楼道相呼应。也可从门口处往里铺砌，板块与墙角、镶边和靠墙处应紧密砌合，不得有空隙。

（9）灌缝、擦缝：在板块铺砌后1～2昼夜进行灌浆擦缝。根据大理石（或花岗石）颜色，选择相同颜色矿物颜料和水泥（或白水泥）拌和均匀，调成1:1稀水泥浆，用浆壶徐徐灌入板块之间的缝隙中（可分几次进行），并用长把刮板把流出的水泥浆刮向缝隙内，至基本灌满为止。灌浆1～2h后，用棉纱团蘸原稀水泥浆擦缝与板面擦平，同时将板面上水泥浆擦净，使大理石（或花岗石）面层的表面洁净、平整、坚实，以上工序完成后，对面层加以覆盖。养护时间不应小于7d。

（10）打蜡：当水泥砂浆结合层达到强度后（抗压强度达到1.2MPa时），方可进行打蜡。

4.1.1.5 质量标准

验收标准按《建筑地面工程施工质量验收规范》GB 50209—2010执行。

4.1.1.6 成品保护

(1) 运输大理石（或花岗石）板块和水泥砂浆时，应采取措施防止碰撞已做完的墙面、门口等。

(2) 铺砌大理石（或花岗石）板块及碎拼大理石板块过程中，操作人员应做到随铺随用干布揩净大理石面上的水泥浆痕迹。

(3) 在大理石（或花岗石）地面上行走时，找平层水泥砂浆的抗压强度不得低于1.2MPa。

(4) 大理石（或花岗石）地面完工后，房间应封闭或在其表面加以覆盖保护。

4.1.1.7 应注意的质量问题

(1) 板面空鼓：混凝土垫层清理不净或浇水湿润不够，刷素水泥浆不均匀或涂刷面积过大、时间过长已风干，干硬性水泥砂浆任意加水，大理石板面有浮土未浸水湿润等因素，都易引起板面空鼓。因此，必须严格遵守操作工艺要求，基层必须清理干净，结合层砂浆不得加水，随铺随刷一层水泥浆，大理石板块在铺砌前必须浸水湿润。

(2) 接缝高低不平、缝宽窄不匀：主要原因是板块本身有厚薄及宽窄不匀、窜角、翘曲等缺陷，铺砌时未严格拉通线进行控制。所以，应预先严格挑选板块，凡是翘曲、拱背、宽窄不方正等块材应剔除不予使用。铺设标准块后，应向两侧和后退方向顺序铺设，并随时用水平尺和直尺找准，缝子必须拉通线不能有偏差。房间内的标高线要有专人负责引入，且各房间和楼道内的标高必须相通一致。

(3) 过门口处板块易活动：一般铺砌板块时均从门框以内操作，而门框以外与楼道相接的空隙（即墙宽范围内）面积均后铺砌，由于过早上人，易造成此处活动。在进行板块翻样提加工订货时，应同时考虑此处的板块尺寸，并同时加工，以便铺砌楼道地面板块时同时操作。

4.1.2 木地板施工技术

4.1.2.1 材料要求

（1）地板：木地板的规格、型号、颜色应符合设计要求，并有产品合格证。

（2）木踢脚板：宽度、厚度、含水率均应符合设计要求，背面满涂防腐剂，花纹颜色应按设计要求选定。

（3）胶粘剂：应采用具有耐老化、防水和防菌、无毒等性能的材料，或按设计要求选用。

4.1.2.2 主要机具

磨地板机、砂带机、切割机、手刨、角度锯、水平尺、钢尺等。

4.1.2.3 作业条件

（1）对所覆盖的隐蔽工程进行验收，并进行隐检会签。

（2）施工前，应做水平标志，以控制铺设的高度和厚度，可采用竖尺、拉线、弹线等方法。

（3）抹灰工程和管道试压等施工完毕后进行。

4.1.2.4 施工工艺

（1）工艺流程

施工准备→清扫基层→做找平层→铺防潮层→铺设木地板→清洁、打蜡→保护。

（2）施工准备

木地板，不管是素板还是漆板，在铺设之前一定要先拆除包装，然后在通风环境下晾干。至少晾干 3～7d，这是为了使木地板适应从工厂到装修工地的气候。晾干的方法是：

1）将包装全部拆开。

2）将拆开的实木地板按井字形叠起来，高度不宜超过 1m。

（3）清扫基层。先把地面打扫干净，确保地面是干透的。

（4）做找平层。找平前先做灰饼标明标高，再采用 12mm 及 9mm 木板条做预埋找平，间距 500mm 左右，这样能够保证面层达到地板找平要求，并起到预埋木栓的作用。然后，再浇筑 1∶3 水泥砂浆找平。

（5）铺设防潮层。在找平层上铺设珍珠棉防潮膜。

（6）铺设木地板。用蚊钉枪将钉打在板的四个侧边上，钉数长边为 4 颗，短边为 2 颗，可多不可少。铺设木地板采用 903 胶。不得使用白乳胶、108 胶，因为此类胶为水性，使用太多会使木板受潮起拱。实木地板铺设时，应离四周墙面（门槛处除外）保持 10mm 距离，此空隙可在后期通过踢脚线隐蔽（该空隙不得填充，踢脚线也不插进此空隙）。木地板铺设完毕后先凉放数天，时间一般不少于 5d。

（7）踢脚线安装。按设计要求，在墙面四周、木地板上方安装踢脚线，并将离墙空隙隐蔽。

（8）清洁、打蜡。木地板铺设完成 1d 后，用干净的毛巾擦干净地板表面，再用吸尘机吸干净，在交工前进行打蜡处理。

（9）地面保护。用珍珠棉、彩条布或木夹板满盖保护。

4.1.2.5　注意事项

（1）此种施工方法工期耗时较长，所以在工期安排时，可以推前安排。

（2）漆面实木地板的铺设，禁止使用胶水（万能胶除外，但可不用）。实木地板铺设时，离四周墙面（门槛处除外）保持 10mm 距离，这个空隙可在后期通过踢脚线隐蔽（该空隙不得填充，踢脚线也不插进此空隙）。

（3）木地板表面应清扫干净，表面不得有沙尘，沙尘会对漆面造成刮花损坏。

4.1.3　地面地毯施工技术

4.1.3.1　材料要求

（1）地毯：地毯的品种、规格、颜色、主要性能和技术指标必须符合设计要求，应有出厂合格证明。

（2）衬垫：衬垫的品种、规格、主要性能和技术指标必须符合设计要求，应有出厂合格证明。

（3）胶粘剂：无毒、不霉、快干，0.5h之内使用张紧器时不脱缝，对地面有足够的粘结强度，可剥离、施工方便的胶粘剂，均可用于地毯与地面、地毯与地毯连接拼缝处的粘结。一般采用天然乳胶添加增稠剂、防霉剂等制成的胶粘剂。

（4）倒刺钉板条：在1200mm×24mm×6mm的三合板条上钉有2排斜钉（间距为35～40mm），还有5个高强度钢钉均匀分布在全长上（钢钉间距约400mm，距两端约100mm）。

（5）铝合金倒刺条：用于地毯端头露明处，起固定和收头作用，多用在外门口或与其他材料的地面相接处。

（6）铝压条：宜采用厚度为2mm左右的铝合金材料制成，用于门框下的地面处，压住地毯的边缘，使其免于被踢起或损坏。

4.1.3.2 主要机具

裁毯刀、裁边机、地毯撑子（大撑子撑头、大撑子承脚、小撑子）、扁铲、墩拐、手枪钻、割刀、剪刀、尖嘴钳子、漆刷橡胶压边滚筒、熨斗、角尺、直尺、手锤、钢钉、吸尘器、垃圾桶、盛胶容器、钢尺、合尺、弹线粉袋、小线、扫帚、胶轮轻便运料车、铁簸箕、棉丝和工具袋、拖鞋等。

4.1.3.3 作业条件

（1）地毯铺设前，室内装饰必须完毕。室内所有重型设备均已就位并已调试、运转，并经核验全部达到合格标准。

（2）铺设地面地毯的基层，要求表面平整、光滑、洁净，如有油污，须用丙酮或松节油擦净。如为水泥楼面，应具有一定的强度，含水率不大于8%。

（3）地毯、衬垫和胶粘剂等进场后应检查核对数量、品种、规格、颜色、图案等是否符合设计要求，如符合应按其品种、规格分别存放在干燥的仓库或房间内。用前要预铺、配花、编号，铺设时按号取用。应事先把需铺设地毯的房间、走道等四周的踢脚板做好。踢脚板下口均应离开地面 8mm 左右，以便将地毯毛边掩入踢脚板下。

（4）大面积施工前应先放出施工大样，并做样板，经质检部门鉴定合格后方可组织按样板要求施工。

4.1.3.4　施工工艺

（1）工艺流程

基层处理→放线→地毯剪裁→钉倒刺板挂毯条→铺设衬垫→铺设地毯→细部处理及清理。

（2）活动式铺设：是指不用胶粘剂粘贴在基层的一种方法，即不与基层固定的铺设，四周沿墙角修齐即可，一般仅适用于装饰性工艺地毯的铺设。

（3）固定式铺设操作工艺

1）基层处理：铺设地毯的基层，一般是水泥地面，也可以是木地板或其他材质的地面。要求表面平整、光滑、洁净，如有油污，须用丙酮或松节油擦净。如为水泥地面，应具有一定的强度，含水率不大于 8％，表面平整偏差不大于 4mm。

2）放线：要严格按照设计图纸对各个不同部位和房间的具体要求进行弹线、套方、分格，如图纸有规定和要求，则严格按图纸施工。图纸无具体要求时，应对称找中并弹线即可定位铺设。

3）地毯剪裁：地毯裁剪应在比较宽阔的地方集中统一进行。必须精确测量房间尺寸，并按房间和所用地毯型号逐一登记编号。然后根据房间尺寸、形状，用裁边机裁切地毯料，每段地毯的长度要比房间长出 2cm 左右，宽度要以裁去地毯边缘线后的尺寸计算。弹线裁去边缘部分，然后以手推裁刀从毯背裁切，裁好后卷成卷编上号，放入对号房间里，大面积房厅应在施工地点剪裁拼缝。

4）钉倒刺板挂毯条：沿房间或走道四周踢脚板边缘，用高强水泥钉将倒刺板钉在基层上（钉朝向墙的方向），其间距约 40cm。倒刺板应离开踢脚板面

81

8~10mm，以便于钉牢倒刺板。

5）铺设衬垫：将衬垫采用点粘法刷 108 胶或聚醋酸乙烯乳胶，粘在地面基层上，要离开倒刺板 10mm 左右。

6）铺设地毯：

① 缝合地毯：将裁好的地毯虚铺在垫层上，然后将地毯卷起，在拼接处缝合。缝合完毕，用塑料胶纸贴于缝合处，保护接缝处不被划破或勾起，然后将地毯平铺，用弯针在接缝处做绒毛密实的缝合。

② 拉伸与固定地毯：先将毯的一条长边固定在倒刺板上，毛边掩到踢脚板下，用地毯撑子拉伸地毯。拉伸时，用手压住地毯撑，用膝盖撞击地毯撑，从一边一步一步推向另一边。如一遍未能拉平，应重复拉伸，直至拉平为止。然后将地毯固定在另一条倒刺板上，掩好毛边。长出的地毯，用裁割刀割掉。一个方向拉伸完毕，再进行另一个方向的拉伸，直至四个边都固定在倒刺板上。

③ 铺粘地毯时，先在房间一边涂刷胶粘剂后，铺放已预先裁割的地毯，然后用地毯撑子向两边撑拉；再沿墙边刷两条胶粘剂，将地毯压平掩边。

④ 细部处理：要注意门口压条与门框、走道与门厅、地面与管根、散热器、槽盒、走道与卫生间门槛、楼梯踏步与过道平台、内门与外门、不同颜色地毯交接处与踢脚板等部位地毯的套割、固定、掩边工作，必须粘结牢固，不应有显露、后找补条等缺陷。地毯铺设完毕，固定收口条后，应用吸尘器清扫干净，并将毯面上脱落的绒毛等彻底清理干净。

4.1.3.5 质量标准

验收标准应按《建筑地面工程施工质量验收规范》GB 50209—2010 执行。

4.1.3.6 成品保护

（1）地毯等材料进场后要注意贵重物品的堆放、运输和操作过程中的保管工作。应避免风吹雨淋、防潮、防火、防踩、物压等。应设专人加强管理。

（2）要注意倒刺板挂毯条、钢钉等使用和保管工作，尤其要注意及时回收和清理截断下来的倒刺板、挂毯条和散落的钢钉，避免发生钉子扎脚、划伤地毯和把散落的钢钉铺垫在地毯垫层和面层下面，否则必须返工取出重铺。

（3）每道工序施工完毕就应及时清理地毯上的杂物和及时擦拭被操作污染的部位，并注意关闭门窗和关闭卫生间的水龙头，严防雨水和地毯泡水事故。

（4）操作现场严禁吸烟。应从准备工作开始，根据工程任务的大小，设专人进行消防、保护监督，并佩戴醒目的袖章加强巡查工作，严格控制非工作人员进入。

4.1.3.7 应注意的质量问题

（1）压边粘结产生松动及发霉等现象：地毯、胶粘剂等材质、规格、技术指标符合设计要求，且有产品出厂合格证，必要时做复试。使用前要认真检查并事先做好试铺工作。

（2）地毯表面不平、打皱、鼓包等：发生在铺设地毯这道工序时，主要是因为未认真按照操作工艺缝合、拉伸与固定、用胶粘剂粘结固定要求去做所致。

（3）拼缝不平、不实：尤其是地毯与其他地面的收口或交接处，例如门口、过道与门厅、拼花或变换材料等部位往往容易出现拼缝不平、不实。因此，在施工时要特别注意上述部位的基层本身接槎是否平整，如不符合要求应返工处理，如误差不明显可采取加衬垫的方法用胶粘剂把衬垫粘牢，同时要认真做好面层和垫层拼缝处的缝合工作，一定要严密、紧凑、结实，并满刷胶粘剂粘牢固。

（4）涂刷胶粘剂时应注意不得污染踢脚板、门框扇及地弹簧等，需认真、仔细操作，并采取轻便可移动的保护挡板或随污染随时清擦等措施保护成品。

4.2 吊顶工程施工技术

4.2.1 轻钢龙骨石膏板吊顶施工技术

4.2.1.1 施工准备

（1）技术准备

编制轻钢骨架罩面板顶棚工程施工方案，并对工人进行书面技术及安全交底。

（2）材料要求

1）轻钢骨架主件为大、中、小龙骨；配件有吊挂件、连接件、插接件。

2）零配件有吊杆、内膨胀螺栓、铆钉。

3）按设计要求选用罩面板，其材料品种、规格、质量应符合设计要求。

（3）作业条件

1）吊顶工程施工前，应熟悉施工图纸及设计说明。

2）吊顶工程施工前，应熟悉现场。

① 施工前按设计要求对房间的净高、洞口标高和吊顶内的管道、设备及其支架的标高进行交接验收。

② 对吊顶内的管道、设备的安装及水管试压进行验收。

③ 检查材料进场验收记录和复验报告、技术交底记录。

3）吊顶工程在施工中应做好各项施工记录，收集好各种有关文件。

① 进场验收记录和复验报告、技术交底记录。

② 材料的产品合格证书、性能检测报告。

4）安装面板前应完成吊顶内管道和设备的调试及验收。

4.2.1.2 关键质量要点

（1）材料的关键要求

1）按设计要求选用龙骨及配件和罩面板，材料品种、规格、质量应符合设计要求。

2）吊顶工程中的预埋件、钢筋吊杆和型钢吊杆应进行防锈处理。

（2）技术关键要求

弹线必须准确，经复验后方可进行下道工序。安装龙骨应平直牢固，龙骨间距和起拱高度应在允许范围内。

（3）质量关键要求

1）吊顶龙骨必须牢固、平整：利用吊杆或吊筋螺栓调整拱度。安装龙骨时应严格按放线的水平标准线和规方线组装周边骨架。受力节点应装钉严密、牢固，保证龙骨的整体刚度。龙骨的尺寸应符合设计要求，纵横拱度均匀，互相适应。吊顶龙骨严禁有硬弯，如有必须调直再进行固定。

2）吊顶面层必须平整：施工前应弹线，中间按水平线起拱。长龙骨的接长应采用对接，经检查合格后再安装饰面板。吊件必须安装牢固，严禁松动变形。龙骨分格的几何尺寸必须符合设计要求和饰面板块的模数。饰面板的品种、规格符合设计要求，外观质量必须符合材料技术标准的规格。

3）大于3kg的重型灯具、电扇及其他重型设备严禁安装在吊顶工程的龙骨上。

4.2.1.3 施工工艺

（1）工艺流程

顶棚标高弹水平线→画龙骨分档线→安装水电管线（专业公司）→固定吊挂杆件→安装主龙骨→安装次龙骨→安装罩面板。

（2）操作工艺

1）弹线

根据楼层标高基准线沿墙四周弹顶棚标高水平线，并沿水平线在墙上画好龙骨分档位置线，并把龙骨位置线引到顶层楼板基层上。

2）埋膨胀螺栓、安装吊杆

按设计要求和国家规范规定，沿主龙骨位置线确定吊杆间距、定位，埋膨胀螺栓固定主龙骨吊杆。钻孔深度用限位器控制，孔径应与膨胀螺栓规格匹配。M8 膨胀螺栓锚固力不小于 4.31kN，主龙骨吊杆间距不大于 1.2m，主龙骨悬臂端长度不大于 0.3m。

3）安装龙骨吊杆

吊杆直径 $\phi8$，按弹线尺寸确定吊杆长度，采用直接膨胀螺栓式固定。如在潮湿环境则在龙骨安装调整好后，在螺钉、螺母上涂润滑油。

4）安装主龙骨

按分档线位置组装主龙骨，按拉线调整标高、平直度、起拱度。遇大口径风管应另安装支架固定吊杆，以保证间距 1～1.2m。为增强吊顶基层整体稳定性和抗变形能力，在大面积顶棚基层应用 40mm×40mm 镀锌角钢或槽钢增设反撑和水平剪刀撑。

检修洞口的附加主龙骨应独立悬吊固定。

5）安装中龙骨

中龙骨间距按石膏板模数和安装部位不大于 400mm，按分档线吊挂，通过沿边龙骨与墙体固接。

6）安装石膏板

石膏板安装从顶棚中间顺中龙骨方向开始，向两侧延伸分行。固定罩面板使用镀锌自攻螺钉，安装时应从板的中间向板四周固定，螺钉间距控制在 150～170mm 之间，螺母沉入板内 0.5～1.0mm，但不应穿破纸面，并在螺母上涂刷防锈漆，钉距板边 10～15mm。

7）细部调整和处理

① 灯饰、风口、检查孔等应与吊顶协调配合，大型灯具的悬吊系统应与顶棚吊顶分开独立悬挂；

② 自动喷淋、烟感器等设备，与吊顶表面衔接应得体，安装吻合；

③ 在风口、检查孔与墙面、柱面交接部位，面板要做好风口处理，特别是检查孔位置的收口要更加注意。

4.2.1.4 质量标准

（1）主控项目

1）轻钢骨架和罩面板的材质、品种、式样、规格符合设计要求。

2）轻钢骨架的吊杆，大、中、小龙骨安装位置必须正确，连接牢固，无松动。

3）罩面板应无脱层、翘曲、折裂、缺棱、掉角等缺陷，安装牢固、平整、色泽一致。

4）胶粘剂符合国家有关环保规范要求。

（2）一般项目

1）轻钢骨架顺直、无弯曲、无变形；吊挂件、连接件符合产品组合的要求。

2）纸面石膏板表面平整、洁净、颜色一致。无污染、反锈等缺陷。

3）纸面石膏板接缝形式符合设计要求，拉缝和压条宽窄一致，平直、整齐、接缝严密。

4）轻钢骨架纸面石膏板顶棚允许偏差应符合表 4-1 的规定。

轻钢骨架纸面石膏板顶棚允许偏差   表 4-1

项次	项类	项目	允许偏差（mm）	检验方法
1	龙骨	龙骨间距	2	尺量检查
2		龙骨平直	3	尺量检查
3		起拱高度	±10	拉线尺量
4		龙骨四周水平	±5	尺量或水准仪检查
5	罩面板	表面平整	2	用 2m 靠尺检查
6		接缝平直	3	拉 5m 线检查
7		接缝高低	1	用直尺或塞尺检查
8		顶棚四周水平	±5	拉线或用水准仪检查

4.2.1.5 成品保护

（1）轻钢骨架及罩面板安装应注意保护顶棚内各种管线。轻钢骨架的吊杆、龙骨不得固定在通风管道及其他设备上。

（2）轻钢骨架、罩面板及其他吊顶材料在入场存放、使用过程中应严格管理，保证不变形、不受潮、不生锈。

（3）施工顶棚部位已安装的门窗，已施工完毕的地面、墙面、窗台等应注意保护，防止污损。

（4）已安装轻钢骨架不得上人踩踏；其他工地吊挂件，不得吊于轻钢骨架上。

（5）为了保护成品，罩面板安装必须在棚内管道、试水、保温等一切工序全部验收后进行。

4.2.1.6 质量记录

（1）应做好隐蔽工程记录、技术交底记录。

（2）轻钢龙骨、金属面板、硅胶等有材料合格证及国家有关环保规范要求的检测报告。

（3）工程验收应有质量验评资料。

4.2.1.7 石膏板吊顶质量通病及防治措施

（1）质量通病：吊顶龙骨架不平整

1）原因分析

① 墙壁面四周未弹标高控制线。

② 吊杆或吊筋间距过大、吊筋不垂直，使龙骨受力不均匀。

③ 主龙骨与主吊挂、副龙骨与主龙骨没有连接紧密。

④ 主龙骨不顺直。

⑤ 龙骨接管安装不平。

⑥ 横贯龙骨下料过大或过小，或横撑龙骨截面切割产生的毛刺未处理平整。

2）预防措施

① 施工前，根据设计标高将房间的控制标高线弹出，尺寸准确。

② 严格按规范要求，使吊筋的间距控制在 800～1100mm 之间，使主吊筋在一条直线上且每根均垂直。

③ 施工时，保持主龙骨与主吊挂件、副龙骨与主龙骨连接紧密，间隙控制在 1mm 以内。

④ 横撑龙骨严格按附龙骨的间距下料，且待端头的毛刺处理平整后方可安装。

⑤ 龙骨架与四周的墙壁体固定牢固、无松动。

（2）质量通病：板面裂缝

1）原因分析

① 固定板的螺钉未固定牢固。

② 固定板的螺钉固定方法不对。

③ 板与板之间未留缝或留缝未错缝。

④ 人为踩坏或灯具、风口等使板面受力。

⑤ 吊顶面积大或吊顶过长未留施工缝。

⑥ 龙骨架与墙体四周连接不牢。

2）预防措施

① 每个螺钉均固定牢固，使板面紧贴副龙骨。

② 固定螺钉时，从板的中央向四周展开固定。

③ 板与板之间预留 5～7mm 宽的缝隙且保证板面错缝，在对接处，使两板边均为整流器边或裁割边。

④ 吊顶面上人必须走主龙骨。

⑤ 大面积或通长的吊顶面，中间预留伸缩缝。

（3）质量通病：钉帽外露

1）原因分析：施工力度控制不当。

2）预防措施：固定螺钉时控制好力度，选择熟练工操作。

4.2.2 铝扣板吊顶施工技术

4.2.2.1 材料的选用

（1）铝扣板的型号、规格和色泽应符合设计要求，应有产品合格证书。

（2）铝扣板的表面应平整、不翘角、边缘平齐、无破损。

4.2.2.2 工艺流程

吊顶标高弹水平线→画龙骨分档线→安装水电管线（专业公司）→固定吊挂杆件→安装主龙骨→安装次龙骨→安装罩面板。

4.2.2.3 操作工艺

（1）根据吊顶的设计标高在四周墙上弹线，弹线应位置准确，其水平允许偏差为±5mm。

（2）沿标高线固定角铝，角铝用于吊顶边缘部位的封口，角铝常用规格为25mm×25mm，其色泽应与铝合金面板相同，角铝多用钢钉固定在墙柱上。

（3）确定龙骨位置线，因为每块铝扣板都是已成形饰面板，一般不能再切割分块，为了保证吊顶饰面的完整性和安装的可靠性，需要根据铝扣板的尺寸规格，以及吊顶的面积尺寸来安排吊顶骨架的结构尺寸。对铝扣板饰面的基本布置是：板块组合要完整，四围留边时，留边的四周要对称均匀，将安排布置好的龙骨架位置线画在标高线的上边。

（4）主龙骨吊点间距，按设计推荐系列选择，中间部分应起拱，龙骨起拱高度不小于房间跨度的1/200。主龙骨安装后应及时校正位置及高度。要控制龙骨架的平整度，首先应拉出纵横向的标高控制线，从一端开始，一边安装一边调整吊杆的悬吊高度。待大面平整后，再对一些有弯曲翘边的单条龙骨进行调整，直至平整度符合要求为止。

（5）吊杆应通直并有足够的承载力。当吊杆需接长时，必须搭接焊牢，焊缝均匀饱满。进行防锈处理，吊杆距主龙骨端部不得超过300mm，否则应增设吊杆，以免主龙骨下坠，次龙骨（中龙骨或小龙骨，下同）应紧贴主龙骨安装。

（6）全面校正主、次龙骨的位置及水平度。连接件应错位安装，检查安装好的吊顶骨架，应牢固可靠，符合有关规范后方可进行下一步施工。

（7）安装方形铝扣板时，应把次龙骨调直。扣板应平整，不得翘曲，吊顶平面平整度误差不得超过5mm。

4.2.3 铝板、铝塑板吊顶施工技术

4.2.3.1 施工准备

（1）技术准备

编制轻钢骨架金属罩面板顶棚工程施工方案，并对工人进行书面技术及安全交底。

（2）材料要求

1）轻钢骨架主件为大、中、小龙骨；配件有吊挂件、连接件、插接件。

2）零配件有吊杆、膨胀螺栓、铆钉。

3）按设计要求选用的罩面板，其材料品种、规格、质量应符合设计要求。

（3）主要机具

1）电动机具：电锯、无齿锯、射钉枪、手电钻、冲击电锤、电焊机。

2）手动机具：拉铆枪、手锯、钳子、螺丝刀、扳子、钢尺、钢水平尺、线坠等。

（4）作业条件

1）吊顶工程施工前，应熟悉施工图纸及设计说明。

2）吊顶工程施工前，应熟悉现场。

① 施工前按设计要求对房间的净高、洞口标高和吊顶内的管道、设备及其支架的标高进行交接验收。

② 对吊顶内的管道、设备的安装及水管试压进行验收。

③ 检查材料进场验收记录和复验报告、技术交底记录。

4.2.3.2 关键质量要点

（1）材料的关键要求

金属板面层涂饰必须色泽一致，表面平整，几何尺寸误差在允许范围内。

（2）技术关键要求

弹线必须准确，经复验后方可进行下道工序。金属板加工尺寸必须准确，安装时拉通线。

（3）质量关键要求

1）吊顶龙骨必须牢固、平整：利用吊杆或吊筋螺栓调整拱度。安装龙骨时应严格按放线的水平标准线和规方线组装周边骨架。受力节点应装订严密、牢固、保证龙骨的整体刚度。龙骨的尺寸应符合设计要求，纵横拱度均匀，互相适应。吊顶龙骨严禁有硬弯，如有必须调直再进行固定。

2）吊顶面层必须平整：施工前应弹线，中间按水平线起拱。长龙骨的接长应采用对接，相邻龙骨接头要错开，避免主龙骨向边倾斜。龙骨安装完毕，应经检查合格后再安装饰面板。吊件必须安装牢固，严禁松动变形。龙骨分格的几何尺寸必须符合设计要求和饰面板块的模数。饰面板的品种、规格符合设计要求，外观质量必须符合材料技术标准的规格。旋紧装饰板的螺钉时，避免板的两端紧中间松，表面出现凹形，板块调平规方后方可组装，不妥处应经调整再进行固定。边角处的固定点要准确，安装要严密。

3）接缝应平整：板块装饰前应严格控制其角度和周边的规整性，尺寸要一致。安装时应拉通线找直，并按拼缝中心线排放饰面板，排列必须保持整齐。安装时应沿中心线和边线进行，并保持接缝均匀一致。压条应沿装订线钉装，并应平顺光滑，线条整齐，接缝密合。

4.2.3.3 职业健康安全关键要求

（1）在使用电动工具时，用电应符合《施工现场临时用电安全技术规范》JGJ 46—2005 的规定。

（2）在高空作业时，脚手架搭设应符合《北京市建筑工程施工安全操作规程》DBJ01-62—2002 的规定。

（3）施工过程中为防止粉尘污染应采取相应的防护措施。

（4）电、气焊的特殊工种，应注意对施工人员健康劳动保护设备配备齐全。

4.2.3.4 环境关键要求

（1）在施工过程中应符合《民用建筑工程室内环境污染控制标准》GB 50325—2020 的规定。

（2）在施工过程中应防止噪声污染，在施工场界噪声敏感区域宜选择使用低噪声的设备，也可以采取其他降低噪声的措施。

4.2.3.5　施工工艺

（1）铝板吊顶工程施工工艺

1）工艺流程

顶棚标高弹水平线→画龙骨分档线→安装水电管线→固定吊挂杆件→安装主龙骨→安装次龙骨→安装罩面板→安装压条。

2）操作工艺

① 弹线

用水准线在房间内每个墙（柱）角上抄出水平点（若墙体较长，中间也应适当抄几个点），弹出水准线（水准线距地面一般为 500mm）；从水准线量至吊顶设计高度加上金属板的厚度和折边的高度，用粉线沿墙（柱）弹出水准线，即为吊顶次龙骨的下皮线；同时，按吊顶平面图，在混凝土顶板弹出主龙骨的位置。主龙骨应从吊顶中心向两边分，最大间距为 1000mm，遇到梁和管道固定点大于设计和规程要求时，应增加吊杆的固定点。

② 固定吊挂杆件

采用膨胀螺栓固定吊挂杆件。采用 $\phi8$ 的吊杆，还应设置反向支撑。吊杆可以采用冷拔钢筋和盘圆钢筋，但采用盘圆钢筋应采用机械将其拉直。吊杆的一端同 L30mm×30mm×3mm 角码焊接（角码的孔径应根据吊杆和膨胀螺栓的直径确定），另一端可以用攻丝套出大于 100mm 的丝杆，也可以买成品丝杆焊接。制作好的吊杆应做防锈处理。制作好的吊杆用膨胀螺栓固定在楼板上，用冲击电锤打孔，孔径应稍大于膨胀螺栓的直径。

③ 龙骨安装

a. 安装边龙骨

边龙骨的安装应按设计要求弹线，沿墙（柱）上的水平龙骨线把 L 形镀锌轻钢条用自攻螺钉固定在预埋木砖上，若为混凝土墙（柱）可用射钉固定，射钉间距不应大于吊顶次龙骨的间距。若罩面板是固定的单铝板或铝塑板，可以用密封胶纸直接收边，也可以加阴角进行修饰。

b. 安装主龙骨

主龙骨应吊挂在吊杆上。主龙骨间距 900～1000mm。主龙骨为 UC50 型，一般宜平行竖向安装，同时应起拱，起拱高度为房间跨度的 1/300～1/200。主龙骨的悬臂段不应大于 300mm，否则应增加吊杆。主龙骨的接长应采取对接，相邻龙骨的对接接头要相互错开。主龙骨挂好后应基本调平。

c. 安装次龙骨

次龙骨间距根据设计要求施工。可以用型钢作主龙骨，与吊杆直接焊接或螺栓连接，金属罩面板的次龙骨，应使用专用次龙骨与主龙骨直接连接。

用 T 形镀锌钢片连接件把次龙骨固定在主龙骨上时，次龙骨的两端应搭在 L 形边龙骨的水平翼缘上。在通风、水电等洞口周围应设附加龙骨，附加龙骨的连接应拉铆钉铆固。

④ 金属（条、方）扣板安装

条板式吊顶龙骨一般可直接吊挂，也可以增加主龙骨，主龙骨间距不大于 1000mm，条板式吊顶龙骨与条板配套。

方板吊顶次龙骨分明装 T 形和暗装卡口两种，可根据金属方板式样选定；次龙骨与主龙骨间用固定件连接。

金属板吊顶与四周墙面所留空隙，用金属压条与吊顶找齐，金属压缝条的材质宜与金属板面相同。

饰面板上的灯具、烟感器、喷淋头、风口箅子等设备的位置应合理、美观，与饰面的交接应吻合、严密，并做好检修口的预留，使用材料宜与母体相同，安装时应严格控制整体性、刚度和承载力。

大于 3kg 的重型灯具、电扇及其他重型设备严禁安装在吊顶工程的龙骨上。

（2）复合铝塑板饰面施工工艺

1）工艺流程

顶棚标高弹水平线→画龙骨分档线→安装水电管线→固定吊挂杆件→安装

主龙骨→安装次龙骨→封九夹板基层→安装罩面板。

2）操作工艺

① 弹线

用水准线在房间内每个墙（柱）角上抄出水平点（若墙体较长，中间也应适当抄几个点），弹出水准线（水准线距地面一般为 500mm）；从水准线量至吊顶设计高度加上金属板的厚度和折边的高度，用粉线沿墙（柱）弹出水准线，即为吊顶次龙骨的下皮线；同时，按吊顶平面图，在混凝土顶板弹出主龙骨的位置。主龙骨应从吊顶中心向两边分，最大间距为 1000mm，遇到梁和管道固定点大于设计和规程要求时，应增加吊杆的固定点。

② 固定吊挂杆件

采用膨胀螺栓固定吊挂杆件。采用 φ8 的吊杆，还应设置反向支撑。吊杆可以采用冷拔钢筋和盘圆钢筋，但采用盘圆钢筋应采用机械将其拉直。吊杆的一端同 L30mm×30mm×3mm 角码焊接（角码的孔径应根据吊杆和膨胀螺栓的直径确定），另一端可以用攻丝套出大于 100mm 的丝杆，也可以买成品丝杆焊接。制作好的吊杆应做防锈处理。制作好的吊杆用膨胀螺栓固定在楼板上，用冲击电锤打孔，孔径应稍大于膨胀螺栓的直径。

③ 龙骨安装

a. 安装边龙骨

边龙骨的安装应按设计要求弹线，沿墙（柱）上的水平龙骨线把 L 形镀锌轻钢条用自攻螺钉固定在预埋木砖上，若为混凝土墙（柱）可用射钉固定，射钉间距不应大于吊顶次龙骨的间距。若罩面板是固定的单铝板或铝塑板，可以用密封胶纸直接收边，也可以加阴角进行修饰。

b. 安装主龙骨

主龙骨应吊挂在吊杆上。主龙骨间距 900～1000mm。主龙骨为 UC50 型，一般宜平行竖向安装，同时应起拱，起拱高度为房间跨度的 1/300～1/200。主龙骨的悬臂段不应大于 300mm，否则应增加吊杆。主龙骨的接长应采取对接，相邻龙骨的对接接头要相互错开。主龙骨挂好后应基本调平。

c. 安装次龙骨

次龙骨间距根据设计要求施工。可以用型钢作主龙骨，与吊杆直接焊接或螺栓连接，金属罩面板的次龙骨，应使用专用次龙骨与主龙骨直接连接。

d. 铝塑板采用双面铝塑板，根据设计要求，裁成需要的形状，用胶贴在事先封好的九夹板基层上，并根据设计要求留出胶缝。

e. 铝塑板上的灯具、烟感器、喷淋头、风口箅子等设备的位置应合理、美观，与饰面的交接应吻合、严密，并做好检修口的预留，使用材料宜与母体相同，安装时应严格控制整体性、刚度和承载力。

f. 大于 3kg 的重型灯具、电扇及其他重型设备严禁安装在吊顶工程的龙骨上。

3) 吊顶装饰所用的复合铝塑板饰面，施工时应注意以下几个方面的问题：

① 基层处理：基层必须平整、干净，基层安装牢固，铝塑板接缝应尽量根据现场情况调整，达到最佳安装效果。接缝均匀、宽窄一致。

② 刷胶均匀，在安装时必须注意击打铝塑板时要用力均匀，确保铝塑板安装后的平整度、光洁度，不准出现凹凸不平现象。

③ 胶缝处理时，注意饰面保护，打胶均匀光洁，无明显接痕。

4.2.3.6 质量标准

（1）主控项目

1) 轻钢骨架和罩面板的材质、品种、式样、规格应符合设计要求。

2) 轻钢骨架的吊杆，大、中、小龙骨安装位置必须正确，连接牢固，无松动。

3) 罩面板应无脱层、翘曲、折裂、缺棱、掉角等缺陷，安装必须牢固、平整、色泽一致。

4) 胶粘剂必须符合国家有关环保规范要求。

（2）一般项目

1) 轻钢骨架应顺直、无弯曲、无变形；吊挂件、连接件应符合产品组合的要求。

2）罩面板表面平整、洁净、颜色一致。无污染、反锈等缺陷。

3）罩面板接缝形式符合设计要求，拉缝和压条宽窄一致，平直、整齐、接缝应严密。

4）轻钢骨架金属板顶棚允许偏差应符合表 4-2 的规定。

轻钢骨架金属板顶棚允许偏差　　　　　　　表 4-2

项次	项类	项目	允许偏差（mm）		检验方法
			铝塑板	条扣板	
1	龙骨	龙骨间距	2	2	尺量检查
2		龙骨平直	2	2	尺量检查
3		起拱高度	±10	±10	短向跨度 1/200 拉线尺量
4		龙骨四周水平	±5	±5	尺量或水准仪检查
5	罩面板	表面平整	1.5	1.5	用 2m 靠尺检查
6		接缝平直	1.5	1.5	拉 5m 线检查
7		接缝高低	0.5	0.5	用直尺或塞尺检查
8		顶棚四周水平	±3	±3	拉线或用水准仪检查
9	压条	压条平直	1	1	拉 5m 线检查

4.2.3.7　成品保护

（1）轻钢骨架及罩面板安装应注意保护顶棚内各种管线。轻钢骨架的吊杆、龙骨不得固定在通风管道及其他设备上。

（2）轻钢骨架、罩面板及其他吊顶材料在入场存放、使用过程中应严格管理，保证不变形、不受潮、不生锈。

（3）施工顶棚部位已安装的门窗，已施工完毕的地面、墙面、窗台等应注意保护，防止污损。

（4）已安装轻钢骨架不得上人踩踏；其他工地吊挂件，不得吊于轻钢骨架上。

（5）为了保护成品，罩面板安装必须在棚内管道、试水、保温等一切工序全部验收后进行。

（6）安装装饰面板时，施工人员应戴线手套，以防污染板面。

4.2.3.8　安全环保措施

（1）吊顶工程的脚手架搭设应符合建筑施工安全标准。脚手架上堆料量不得超过规定荷载，跳板应用钢丝绑扎固定，不得有探头板。

（2）顶棚高度超过 3m 应设脚手架，跳板下应安装安全网。

（3）工人操作应戴安全帽，高空作业应系安全带。

（4）有噪声的电动工具应在规定的作业时间内施工，防止噪声污染。

（5）施工现场必须"工完场清"。清扫时设专人洒水，不得扬尘污染空气。

（6）废弃物应按环保要求分类堆放及消纳。

4.2.3.9　质量记录

（1）应做好隐蔽工程记录、技术交底记录。

（2）轻钢龙骨、金属面板、硅胶等应有材料合格证及国家有关环保规范要求的检测报告。

（3）工程验收应有质量验评资料。

4.2.3.10　铝板施工容易出现的质量通病

（1）接缝不平正，宽窄不一致。

（2）饰面板与骨架（基层）不密贴。

（3）安装基层尺寸误差较大，造成饰面不平整。

（4）尖锐物损伤装饰表面。

（5）碰撞阴阳角部位。

4.2.4　木饰面板吊顶施工技术

4.2.4.1　施工准备

（1）技术准备

编制木骨架罩面板顶棚工程施工方案，并对工人进行书面技术及安全交底。

（2）材料要求

1）木料：木材骨架料应为烘干、无扭曲的红白松树种；黄花松不得使用。

2）罩面板材及压条：按设计选用，严格掌握材质及规格标准。

3）其他材料：圆钉，$\phi6$ 或 $\phi8$ 螺栓、射钉，膨胀螺栓，胶粘剂，木材防火、防腐剂和 8 号镀锌钢丝。

（3）主要机具：

1）机械：小电锯、小台刨、手电钻、镙锯。

2）手动工具：木刨、扫槽刨、线刨、锯、斧、刨、锤、螺丝刀、摇钻等。

（4）作业条件：

1）现浇钢筋混凝土板或预制板板缝中，按设计规定预埋吊顶固定件，如设计无要求时可预埋 $\phi6$ 或 $\phi8$ 钢筋，间距为 1000mm 左右。

2）砌墙时应根据顶棚标高在四周墙上预埋防腐木砖。

① 顶棚内各种管线及通风管道均应安装完毕并办理验收手续。

② 吊顶的木吊杆、木龙骨和木饰面板必须进行防火处理，并应符合有关防火规范的规定。直接接触结构的木龙骨应预先刷防腐漆。

③ 吊顶房间需做完墙面及地面的湿作业和屋面防水等工程。

④ 搭好顶棚施工操作平台架。

4.2.4.2 施工工艺流程

顶棚标高弹水平线→画龙骨分档线→安装水电管线设施→安装大龙骨→安装小龙骨→防腐防火处理→安装罩面板→安装压条。

4.2.4.3 施工工艺要点

（1）弹线：根据楼层标高水平线，顺墙高量至顶棚设计标高，沿墙四周弹吊顶标高水平线，并在四周的标高线上画龙骨的分档位置线。

（2）安装吊杆：木制梁上设置吊筋，采用钢筋作吊筋时，可直接绑上即可。木制吊筋，可用钢钉将吊筋钉上，每个木吊上不少于 2 个钉子。木制吊筋、杆及龙骨均应做防腐、防火处理。现浇钢筋混凝土板或预制板板缝中，按设计规定预埋吊顶固定件，如设计无要求时可预埋 $\phi6$ 或 $\phi8$ 钢筋，间距为1000mm 左右。也可以用膨胀螺栓将龙骨按分档位置线直接固定在现浇钢筋混凝土板或预制板上，再安装木吊杆和木龙骨。

（3）安装大龙骨：将预埋钢筋弯成环形钩、穿 8 号镀锌钢丝或用 $\phi6$ 或 $\phi8$ 螺栓将大龙骨固定，并保证其设计标高。吊顶起拱按设计要求，设计无要求时一般为房间跨度的 $1/300 \sim 1/200$。

（4）安装小龙骨：

1）小龙骨底面刨光、刮平、截面厚度应一致。

2）小龙骨间距应按设计要求，设计无要求时应按罩面板规格确定，一般为 $400 \sim 500mm$。

3）按分档线先定位安装通长的 2 根边龙骨，拉线后各根龙骨按起拱标高，通过短吊杆将小龙骨用圆钉固定在大龙骨上，吊杆要逐根错开，不得吊钉在龙骨的同一侧面上。通长小龙骨对接接头应错开，采用双面夹板用圆钉错位钉牢，接头两侧最少各钉 2 个钉子。

4）安装卡档小龙骨：按通长小龙骨标高，在 2 根通长小龙骨之间，根据罩面板材的尺寸和接缝要求，在通长小龙骨底面横向弹分档线，以底找平钉固卡档小龙骨。

（5）防腐防火处理：顶棚内所有露明的铁件，钉罩面板前必须刷好防锈漆。木骨架与结构接触面应进行防腐处理，龙骨无须粘胶处，需刷防火涂料 2～3 层。

（6）安装管线设施：在弹好顶棚标高线后，应进行顶棚内水、电设备管线安装，较重吊物不得吊于顶棚龙骨上。

（7）安装罩面板：在木骨架底面安装顶棚罩面板的品种较多，应按设计要求的品种、规格和固定方式施工。罩面板与木骨架的固定方式分为圆钉固定法、木螺钉拧固法、胶结粘固法 3 种方式。

1）圆钉固定法：这种方式多用于胶合板、纤维板的罩面板安装。在已装好并经验收的木骨架下面，按罩面板的规格、拉缝间隙，在龙骨底面进行分块弹线，在吊顶中间顺通长小龙骨方向先安装一行作为基准，然后向两边延伸安装。固定罩面板的钉距为 200mm。

2）木螺钉拧固法：这种方式多用于塑料板、石膏板、石棉板，安装前在罩面板四边按螺钉间距先钻孔，安装程序与方法基本上同圆钉固定法。

3）胶结粘固法：这种方法多用于钙塑板。安装前板材应选配修整，使厚度、尺寸、边棱整齐一致。每块罩面板粘贴前应进行预装，然后在预装部位龙骨框底上刷胶，同时在罩面板四周刷胶，刷胶宽度为 10～15mm，经 5～10min 后，将罩面板四周压粘在预装部位。顶棚先由中间行开始，然后向两侧分行逐块进行。粘贴剂应按设计规定，设计无规定时应经试验选用，一般可用 401 胶。

（8）安装压条：木骨架罩面板顶棚，设计要求采用压条做法时，待一间罩面板安装后，先进行压条位置弹线，按线进行压条安装。其固定方法一般同罩面板，钉固间距为 300mm。

4.2.4.4 质量标准

（1）主控项目

1）骨架木材和罩面板的材质、品种、规格、式样应符合设计要求和施工规范的规定。

2）木骨架的吊杆大、小龙骨必须安装牢固，无松动，位置正确。

3）罩面板无脱层、翘曲、折裂、缺棱、掉角等缺陷，安装必须牢固。

4）胶粘剂必须符合国家有关环保规范要求。

（2）一般项目

1）木骨架罩面板顶棚允许偏差见表 4-3。

木骨架罩面板顶棚允许偏差　　　　　　　　　　　　　表 4-3

项次	项类	项目	允许偏差（mm）	检验方法
1	龙骨	龙骨间距	2	尺量检查
2		龙骨平直	2.5	尺量检查
3		起拱高度	±10	拉线尺量
4		龙骨四周水平	±5	尺量或水准仪检查

项次	项类	项目	允许偏差（mm）	检验方法
5	罩面板	表面平整	2	用 2m 靠尺检查
6		接缝平直	2	拉 5m 线检查
7		接缝高低	0.5	用直尺或塞尺检查
8		顶棚四周水平	±5	拉线或用水准仪检查
9	压条	压条平直	2	拉 5m 线检查
10		压条间距	2	尺量检查

2）木骨架、吊杆应顺直，无弯曲、变形和劈裂。

3）罩面板表面应平整、洁净，无污染、麻点、锤印，颜色一致。

4）罩面板之间的缝隙或压条，应宽窄一致、整齐、平直、压条与板接缝严密。

4.2.4.5　成品保护

（1）顶棚木骨架及罩面板安装时，应注意保护顶棚内装好的各种管线；木骨架的吊杆、龙骨不得固定在通风管道及其他设备上。

（2）施工部位已安装的门窗，已施工完的地面、墙面、窗台等应注意保护，防止损坏。

（3）木骨架材料，特别是罩面板材料，在进场、存放、使用过程中应妥善管理，使其不变形、不受潮、不损坏、不污染。

（4）其他专业的吊挂件不得吊于已安装好的木骨架上。

4.2.4.6　应注意的质量问题

（1）吊顶不平：小龙骨安装时标高定位不准。施工时应拉通线，使通长小龙骨按起拱要求，做到标高位置正确。

（2）木骨架固定不牢：大龙骨与吊挂连接方法、龙骨钉固的方法应符合设计和施工规范的要求。

（3）罩面板分块间缝隙不直，宽窄不一致：施工时应注意板块规格，分块尺寸，安装位置应正确。

（4）压缝条、压边条不严密、不平直：施工时应弹位置线，罩面板安装接缝应平直，压缝条与罩面板紧贴密实。

4.3 轻质隔墙工程施工技术

4.3.1 石材干挂墙面施工技术

4.3.1.1 施工准备

（1）技术准备

编制室内外墙面干挂石材饰面板装饰工程施工方案，并对工人进行书面技术及安全交底。

（2）材料准备

1）石材：根据设计要求，确定石材的品种、颜色、花纹和尺寸规格，并严格控制检查其抗折、抗拉、抗压强度以及吸水率、耐冻融循环等性能。花岗石板材的弯曲强度应经法定检测机构检测确定。

2）合成树脂胶粘剂：用于粘贴石材背面的柔性背衬材料，要求具有防水和耐老化性能。

3）用于干挂石材挂件与石材间粘结固定，用双组分环氧型胶粘剂，按固化速度分为快固型（K）和普通型（P）。

4）中性硅酮耐候密封胶，应进行粘合力的试验和相容性试验。

5）玻璃纤维网格布：石材的背衬材料。

6）防水胶泥：用于密封连接件。

7）防污胶条：用于石材边缘防止污染。

8）嵌缝膏：用于嵌填石材接缝。

9）罩面涂料：用于大理石表面防风化、防污染。

10）不锈钢紧固件、连接铁件应按同一种类构件的5％进行抽样检查，且每种构件不少于5件。

11）膨胀螺栓、连接铁件、连接不锈钢针等配套的铁垫板、垫圈、螺母及与骨架固定的各种设计和安装所需要的连接件的质量，必须符合要求。

（3）主要机具

主要机具包括：台钻、无齿切割锯、冲击钻、手枪钻、力矩扳手、开口扳手、嵌缝枪、专用手推车、长卷尺、盒尺、锤子、各种形状钢凿子、靠尺、水平尺、方尺、多用刀、剪子、钢丝、弹线用的粉线包、墨斗、小白线、笤帚、铁锹、开刀、灰槽、灰桶、工具袋、手套、红铅笔等。

（4）作业条件

1）石材的质量、规格、品种、数量、力学性能和物理性能符合设计要求，并进行表面处理工作，同时应符合《建筑材料放射性核素限量》GB 6566—2010 的规定。

2）搭设双排架子处理。

3）水电及设备、墙上预留预埋件已安装完。垂直运输机具均事先准备好。

4）外门窗已安装完毕，安装质量符合要求。

5）对施工人员进行技术交底时，应强调技术措施、质量要求和成品保护，大面积施工前应先做样板，经质检部门鉴定合格后，方可组织班组施工。

6）安装系统隐蔽项目已经验收。

4.3.1.2 关键质量要点

（1）材料的关键要求

1）根据设计要求，确定石材的品种、颜色、花纹和尺寸规格，并严格控制、检查其抗折、抗弯、抗拉、抗压强度以及吸水率、耐冻融循环等性能。块材的表面应光洁、方正、平整、质地坚固，不得有缺棱、掉角、暗痕和裂纹等缺陷。石材的质量、规格、品种、数量、力学性能和物理性能符合设计要求，并进行表面处理工作。

2）膨胀螺栓、连接铁件、连接不锈钢针等配套的铁垫板、垫圈、螺母及与骨架固定的各种设计和安装所需要的连接件的质量，必须符合国家现行有关标准的规定。

3）饰面石材板的品种、防腐、规格、形状、平整度、几何尺寸、光洁度、颜色和图案必须符合设计要求，要有产品合格证。

（2）技术关键要求

1）对施工人员进行技术交底时，应强调技术措施、质量要求和成品保护。

2）弹线必须准确，经复验后方可进行下道工序。固定的角钢和平钢板应安装牢固，并应符合设计要求，石材应用护理剂进行石材六面体防护处理。

（3）质量关键要求

1）清理预做饰面石材的结构表面，施工前认真按照图纸尺寸，核对结构施工的实际情况，同时进行吊直、套方、找规矩，弹出垂直线、水平线，控制点应符合要求，并根据设计图纸和实际需要弹出安装石材的位置线和分块线。

2）与主体结构连接的预埋件应在结构施工时按设计要求埋设。预埋件应牢固，位置准确。应根据设计图纸进行复查。当设计无明确要求时，预埋件标高差不应大于 10mm，位置差不应大于 20mm。

3）面层与基底应安装牢固；粘贴用料、干挂配件必须符合设计要求和国家现行有关标准的规定。

4）石材表面平整、洁净；拼花正确、纹理清晰通顺，颜色均匀一致；非整板部位安排适宜，阴阳角处的板压向正确。

5）缝格均匀，板缝通顺，接缝填嵌密实，宽窄一致，无错台、错位。

4.3.1.3　施工工艺

（1）工艺流程

结构尺寸的检验→清理结构表面→结构上弹出垂直线→大角挂两竖直钢丝→临时固定上层墙板→孔插入膨胀螺栓→镶不锈钢固定件→镶顶层墙板→挂水平位置线→支底层板托架→放置底层板用其定位调节与临时固定→嵌板缝密封胶→饰面板刷两层罩面剂→灌 M20 水泥浆→设排水管→结构钻孔并插固定螺栓→镶不锈钢固定件→用胶粘剂灌下层墙板上孔→插入连接钢针→将胶粘剂灌入上层墙板的下孔内。

（2）操作工艺

1）工地收货：收货要设专人负责管理，要认真检查材料的规格、型号是否正确，与料单是否相符；发现石材颜色明显不一致的，要单独码放，以便退还给厂家；如有裂纹、缺棱、掉角，要修理后再用，裂纹、缺棱、掉角严重的不得使用。还要注意石材堆放地要夯实，垫 10cm×10cm 通长方木，使其高出地面 8cm 以上，方木上宜钉上橡胶条，使石材按 75°立放斜靠在专用的钢架上，每块石材之间要用塑料薄膜隔开靠紧码放，防止粘在一起和倾斜。

2）石材表面处理：石材表面充分干燥（含水率应小于 8%）后，用石材护理剂进行石材六面体防护处理，此工序必须在无污染的环境下进行，将石材平放于木方上，用羊毛刷蘸上防护剂，均匀涂刷于石材表面，涂刷必须到位，第一遍涂刷完间隔 24h 后用同样的方法涂刷第二遍石材防护剂，间隔 48h 后方可使用。

3）石材准备：首先用比色法对石材的颜色进行挑选分类；安装在同一面的石材颜色应一致，并根据设计尺寸和图纸要求，专用模具固定在台钻上，进行石材打孔，为保证位置准确、垂直，要钉一个定形石材托架，将石板放在托架上，需要打孔的小面与钻头垂直，使孔成形后准确无误，孔深为 22～23mm，孔径为 7～8mm，钻头为 5～6mm。随后在石材背面刷不饱和树脂胶，主要采用一布二胶的做法，布为无碱、无捻 24 目的玻璃丝布，石板在刷头遍胶前，先把编号写在石板上，并将石板上的浮灰及杂污清除（锯锈等）干净，用钢丝刷、粗砂纸将其除掉再刷胶，胶要随用随配，防止固化后造成浪费。要注意边角地方一定要刷好。特别是打孔部位是个薄弱区域，必须刷到。布要铺满，刷完头遍胶，在铺贴玻璃纤维网格布时要从一边用刷子赶平，铺平后再刷第二遍胶，刷子沾胶不要过多，防止流到石材小面给嵌缝带来困难，出现质量问题。

4）基层准备：清理预做饰面石材的结构表面，同时进行吊直、套方、找规矩，弹出垂直线、水平线。并根据设计图纸和实际需要弹出安装石材的位置线和分块线。

5）挂线：按设计图纸要求，石材安装前要事先用经纬仪打出大角两个面的竖向控制线，最好弹在离大角 20cm 的位置上，以便随时检查垂直挂线的准确性，保证顺利安装。竖向挂线宜使用 $\phi 1.0 \sim \phi 1.2$ 的钢丝；下边沉铁随高度而定，一般 40cm 以下高度沉铁质量为 8～10kg，上端挂在专用的挂线角钢架上，角钢架用膨胀螺栓固定在建筑大角的顶端；必须挂在牢固、准确、不易碰动的地方，并要注意保护和经常检查，并在控制线的上、下做出标记。

6）支底层饰面板托架：把预先加工好的支托按上平线支在将要安装的底层石板上面。支托要支承牢固，相互之间要连接好，也可和架子接在一起。支架安装好后，顺支托方向铺通长的 50mm 厚木板，木板上口要在同一水平面上，以保证石材上下面处在同一水平面上。

7）在围护结构上打孔、下膨胀螺栓：在结构表面弹好水平线，按设计图纸及石材料钻孔位置，准确地弹在围护结构墙上并做好标记，然后按点打孔。打孔可使用冲击钻，打孔时先用尖錾子在预先弹好的点上凿上一个点，然后用钻打孔，孔深在 60～80mm，若遇结构里的钢筋时，可以将孔位在水平方向移动或往上抬高，要连接铁件时利用可调余量调回。成孔要求与结构表面垂直，成孔后把孔内的灰粉用小勾勺掏出，安放膨胀螺栓，宜将本层所需的膨胀螺栓全部安装就位。

8）上连接铁件：用设计规定的不锈钢螺栓固定角钢和平钢板。调整平钢板的位置，使平钢板的小孔正好与石板的插入孔对正，固定平钢板，用力矩扳子拧紧。

9）底层石材安装：把侧面的连接铁件安好，便可把底层面板靠角上的一块就位。方法是用夹具暂时固定，先将石材侧孔抹胶，调整铁件，插固定钢针，调整面板固定。依次按顺序安装底层面板，待底层面板全部就位后，检查一下各板水平是否在一条线上；如有高低不平的要进行调整，低的可用木楔垫平，高的可轻轻适当退出点木楔，退出面板上口顺一条水平线上为止；先调整好面板的水平与垂直度，再检查板缝，板缝宽应按设计要求，板缝均匀，将板缝嵌紧被衬条，嵌缝高度要高于 25cm。用 1∶2.5 的用白水泥配制的砂浆，灌于底层面板内 20cm 高，砂浆表面上设排水管。

10）石板上孔抹胶及插连接钢针：把 1：1.5 的白水泥环氧树脂倒入固化剂、促进剂，用小棒将配好的胶抹入孔中，再把长 40mm 的 φ4 连接钢针通过平板上的小孔插入直至面板孔，上钢针前检查其有无伤痕，长度是否满足要求，钢针安装要保证垂直。

11）调整固定：面板暂时固定后，调整水平度。如板面上口不平，可在板底的一端下口的连接平钢板上垫一相应的双股铜丝垫，若铜丝较粗，可用小锤砸扁，若高，可把另一端下口用以上方法垫一下。调整垂直度，并调整面板上口的不锈钢连接件的距墙空隙，直至面板垂直。

12）顶部面板安装：顶部最后一层面板除了一般石材安装要求外，安装调整后，在结构与石板缝隙里吊一通长的 20mm 厚木条。木条上平为石板上口下去 250mm，吊点可设在连接铁件上，可采用钢丝吊木条。木条吊好后，即在石板与墙面之间的空隙里塞放聚苯板条，聚苯板条要略宽于空隙，以便填塞严实，防止灌浆时漏浆，造成蜂窝、孔洞等，灌浆至石板口下 20mm 作为压顶盖板之用。

13）贴防污条、嵌缝：沿面板边缘贴防污条，应选用 4cm 左右的纸带型不干胶带，边沿要贴齐、贴严。在大理石板间缝隙处嵌弹性泡沫填充（棒）条，填充（棒）条也可用 8mm 厚的高连发泡片剪成 10mm 宽的条，填充（棒）条嵌好后离装修面 5mm。最后，在填充（棒）条外用嵌缝枪把中性硅胶打入缝内，打胶时用力要均，走枪要稳而慢。如胶面不太平顺，可用不锈钢小勺刮平，小勺要随用随擦干净，嵌底层石板缝时，要注意不要堵塞流水管。根据石板颜色可在胶中加适量矿物质颜料。

14）清理大理石、花岗石表面，刷罩面剂：把大理石、花岗石表面的防污条掀掉，用棉丝将石板擦净，若有胶或其他粘结牢固的杂物，可用开刀轻轻铲除，用棉丝蘸丙酮擦至干净。在刷罩面剂前，应掌握和了解天气趋势，阴雨天和 4 级以上风天不得施工，防止污染漆膜；冬期、雨期可在避风条件好的室内操作，刷在板块面上。罩面剂按配合比在涂刷前 0.5h 兑好，注意区别底漆和面漆，最好分阶段操作。配置罩面剂要搅匀，防止成膜时不匀，涂刷要用羊毛刷，蘸漆不宜过多，防止流挂，尽量少回刷，以免有刷痕，要求无气泡、不漏刷，刷得平整并且要有光泽。

15）石材施工的排板下料与石材防污：

① 认真核对现场实际尺寸，对照施工图要求，绘制石材下料排板图，将石材编号。特别是重点部位，例如：大堂、门厅等重要位置的石材，必须颜色、花纹一致。有了石材下料排板图，加工厂在加工时可以把好选材第一关。加工好的石材要进行编号，石材进场后，经验收合格，安装前先进行一次预排，在确认无误后再按顺序、按规范进行安装。

② 石材的防污处理在石材湿贴中是非常重要的环节，石材防污可在加工厂进行，也可以在货到工地后进行。等第一遍防污液干好后再进行第二遍防污液涂刷。进行两次防污后的石材方可进行安装施工，安装时如再进行切割，其切割边必须再进行防污处理后方可安装。石材防污的目的是防止石材泛碱退色、变色，特别是地面石材，防止落地物的污染。

4.3.1.4 质量标准

（1）主控项目

1）饰面石材板的品种、防腐、规格、形状、平整度、几何尺寸、光洁度、颜色和图案必须符合设计要求，要有产品合格证。

2）面层与基层应安装牢固；粘贴用料、干挂配件必须符合设计要求和国家现行有关标准的规定，碳钢配件需要做防锈、防腐处理。焊接点应做防腐处理。

3）饰面板安装工程的预埋件（或后置埋件）

连接件的数量、规格、位置、连接方法和防腐处理必须符合设计要求。后置埋件的拉拔强度必须符合设计要求。饰面板安装必须牢固。

（2）一般项目

1）表面平整、洁净；拼花正确、纹理清晰通顺，颜色均匀一致；非整板部位安排适宜，阴阳角处的板压向正确。

2）缝格均匀，板缝通顺，接缝填嵌密实，宽窄一致，无错台、错位。

3）突出物周围的板采取整板套割，尺寸准确，边缘吻合整齐、平顺，墙裙、贴脸等上口平直。

4）滴水线顺直，流水坡向正确、清晰美观。

5）室内外墙面干挂石材允许偏差见表 4-4。

室内外墙面干挂石材允许偏差 表 4-4

项次	项目		允许偏差（mm）		检验方法
			光面	粗磨面	
1	立面垂直	室内	2	2	用 2m 托线板和尺量检查
		室外	4	4	
2	表面平整		1	2	用 2m 托线板和塞尺检查
3	阳角方正		2	3	用 20cm 方尺和塞尺检查
4	接缝垂直		2	3	用 5m 小线和尺量检查
5	墙裙上口平直		2	3	用 5m 小线和量尺检查
6	接缝高低		1	1	用钢板短尺和塞尺检查
7	接缝宽度		1	2	用尺量检查

4.3.1.5 成品保护

（1）要及时清理干净残留在门窗框、玻璃和金属饰面板上的污物，如密封胶、手印、尘土、水等，宜粘贴保护膜，预防污染、锈蚀。

（2）合理安排施工顺序，少数工种的活应做在前面，防止破坏、污染外挂石材饰面板。

（3）拆改架子和上料时，严禁碰撞干挂石材饰面板。

（4）外饰面完活后，易破损部分的棱角处要钉护角保护，其他工种操作时不得划伤面漆和碰坏石材。

（5）在室外刷罩面剂未干燥前，严禁下渣土和翻架子脚手板等。

（6）已完工的外挂石材应设专人看管，遇有损害成品的行为，应立即制止。

4.3.1.6　安全环保措施

（1）进入施工现场必须戴好安全帽，系好封紧口。

（2）高空作业必须佩戴安全带，上架子作业前必须检查脚手板搭放是否安全可靠，确认无误后方可上架进行作业。

（3）施工现场临时用电线路必须按用电规范布设，严禁乱接乱拉，远距离电缆线不得随地乱拉，必须架空固定。

（4）小型电动工具，必须安装"漏电保护"装置，使用时应经试运转合格后方可操作。

（5）电气设备应有接地、接零保护，现场维护电工机具移动应先断电后移动，下班或使用完毕必须拉闸断电。

（6）电源、电压须与电动机具的铭牌电压相符，电动机具移动应先断电后移动，下班或使用完毕必须拉闸断电。

（7）施工时必须按施工现场安全技术交底施工。

（8）施工现场严禁扬尘作业，清理打扫时必须洒少量水湿润后方可打扫，并注意对成品的保护，废料及垃圾必须及时清理干净，装袋运至指定堆放地点，堆放垃圾必须进行围挡。

（9）切割石材的临时用水，必须有完善的污水排放措施。

（10）对施工中噪声大的机具，尽量安排在白天及夜晚 10 时前操作，禁止噪声扰民。

4.3.1.7　质量记录

（1）大理石、花岗石、紧固件、连接件等出厂合格证，国家有关环保检测报告。

（2）分项工程质量验评表。

（3）三性试验报告单等。

（4）设计图、计算书、设计更改文件等。

（5）石材的冻融性试验记录。

（6）后置埋件的拉拔试验记录。

（7）埋件、固定件、支撑件等安装记录及隐蔽工程验收记录。

4.3.1.8　石材饰面容易出现的质量问题及预防措施

（1）质量通病：接缝不平，板面纹理不顺，色泽不匀。

1）原因分析

① 对板材质量未进行严格挑选，安装前试拼不认真。

② 基层处理不好，墙面偏差较大。

③ 施工操作不当，浇灌高度过高。

2）预防措施

① 安装前先检查基层墙面垂直平整情况，偏差较大的应事先剔凿或修补，基层面与石材表面的距离不得小于5cm，并将基层墙面清扫干净，浇水湿透。

② 安装前应在基层弹线，在墙面上弹出中心线、水平通线，在地面上弹出石材面线，柱子应先测量出中心线、柱与柱之间的水平通线，并弹出墙面位置线。

③ 事先将有缺边、掉角、裂缝和局部污染变色的石材板材挑出，完好的应进行套方检查，规格尺寸若有偏差，应磨边修正。

④ 安装前应进行试拼，对好颜色，调整花纹，使板与板之间上下左右纹理通顺，颜色协调，缝平直均匀，试拼后由上至下逐块编写镶贴顺序编号，然后对号入座。

⑤ 安装顺序是根据事先找好的中心线、水平通线和墙面位置线进行试拼编号，然后在最下一行两头用块材找平找直。拉上横线，再从中间或一端开始安装，随时用拖线板靠直靠平保证板与板交接处四角平整。

⑥ 待石膏浆凝固后，用1∶2.5水泥砂浆分层灌注，每次灌注必须不超过20cm，否则容易使石材膨胀外移，影响饰面平整。

（2）质量通病：石材墙面开裂

1）原因分析

① 除了石材的暗缝或其他隐伤等缺陷以及凿洞开槽外，受到结构沉降压缩外力后，由于外力超过块材软弱处的强度，导致石材墙面开裂。

② 石材板镶贴在外墙面或紧贴厨房、厕所、浴室等潮气较大的房间时，安装粗糙、板缝灌浆不严，导致侵蚀气体或湿空气透入板缝，使连接件遭到锈蚀，产生膨胀，给石材一种向外的推力。

③ 石材镶贴墙面、柱面时，上、下空隙较小，结构受压变形，石材饰面受到垂直方向的压力。

2）预防措施

① 在墙、柱等承重结构面上安装石材时，应待结构沉降稳定后进行，在石材顶部和底部留有一定的缝隙，以防止结构压缩饰面直接被压开裂。

② 安装石材接缝处，缝隙宽度应在 0.5～1mm 之间，嵌缝要严密，灌浆要饱满，块材不得有裂缝、缺棱、掉角等缺陷，以防止腐蚀性气体和湿空气侵入，锈蚀紧固件，引起板面裂缝。

③ 采用 108 胶白水泥浆掺色修补，色浆的颜色应尽量做到与修补的石材表面接近。

4.3.2 面砖墙面施工技术

4.3.2.1 施工准备

（1）编制室内贴面砖工程施工方案，并对工人进行书面技术及安全交底。

（2）材料准备

1）水泥：强度等级 42.5 级矿渣水泥或普通硅酸盐水泥，应有出厂合格证明或复验合格单，若出厂日期超过 3 个月而且水泥已结有小块时不得使用；白水泥应为强度等级 42.5 级以上，并符合设计和规范质量标准的要求。

2）砂子：中砂，粒径为 0.35～0.5mm，黄色河沙，含泥量不大于 3%，颗粒坚硬、干净，无有机杂质，用前过筛，其他应符合规范的质量标准。

3）面砖：面砖的表面应光洁、方正、平整、质地坚固，其品种、规格、尺寸、色泽、图案应均匀一致，必须符合设计规定；不得有缺棱、掉角、暗痕和裂纹等缺陷，其性能指标均应符合现行国家标准的规定，釉面砖的吸水率不得大于 10%。

4）石灰膏：用块状生石灰淋制，必须用孔径 3mm×3mm 的筛网过滤，并储存在沉淀池中，熟化时间，常温下不少于 15d；用于罩面灰，不少于 30d；石灰膏内不得有未熟化的颗粒和其他物质。

5）生石灰粉：磨细生石灰粉，其细度应通过 4900 孔/cm² 筛子，用前应用水浸泡，其时间不少于 3d。

6）粉煤灰：细度过 0.08mm 筛，筛余量不大于 5%；界面剂和矿物颜料，按设计要求配比，其质量应符合规范要求。

（3）主要机具

砂浆搅拌机、瓷砖切割机、手电钻、冲击电钻、钢板、阴阳角抹子、铁皮抹子、木抹子、托灰板、木刮尺、方尺、铁制水平尺、小铁锤、木槌、錾子、垫板、小白线、开刀、墨斗、小线坠、小灰铲、盒尺、钉子、红铅笔、工具袋等。

（4）作业条件

1）墙顶抹灰完毕，做好墙面防水层、保护层和地面防水层、混凝土垫层。

2）搭设双排架子或钉马凳，横竖杆及马凳端头距离墙面和门窗角 150～200mm。架子的步高和马凳高、长度要符合施工要求和安全操作规程。

3）安装好门窗框扇，隐蔽部位的防腐、填嵌应处理好，并用 1:3 水泥砂浆将门窗框体、洞口缝隙塞严实。铝合金、塑料门窗、不锈钢门等框边缝所用嵌塞材料应符合设计要求，且应塞堵密实，并事先粘贴好保护膜。

4）脸盆架、镜卡、管卡、水箱、煤气等埋设好防腐木砖，确保埋设位置正确。

5）按面砖的尺寸、颜色进行选砖，并分类存放备用。

6）统一弹出墙面上+50cm 水平线，大面积施工前应先放大样，并做出样板墙，确定施工工艺及操作要点，并向施工人员做交底工作。样板墙完成后必须经质检部门鉴定合格，还要经过设计、甲方和施工单位共同认定验收后，方可组织按照样板墙要求施工。

7）系统管、线盒等安装完并验收。

8）室内温度应在 5℃ 以上。

4.3.2.2 关键质量要点

（1）材料的关键要求

水泥：强度等级 42.5 级矿渣水泥或普通硅酸盐水泥应有出厂合格证明或复验合格单，若出厂日期超过 3 个月而且水泥已结有小块时不得使用；砂子：使用中砂；面砖：表面应光洁、色泽一致、方正、平整、规格一致、质地坚固，不得有缺棱、掉角、暗痕和裂纹等缺陷。

（2）技术关键要求

弹线必须准确，经复验合格后方可进行下道工序。基层处理抹灰前，墙面必须清扫干净，浇水湿润；基层抹灰必须平整；贴砖应平整牢固，砖缝要均匀一致。

（3）质量关键要求

1）施工时，必须做好墙面基层处理，浇水充分湿润。在抹底灰时，根据不同基体采取分层分遍抹灰方法，并严格配合比计量，掌握适宜的砂浆稠度，按比例加界面剂，使各层之间粘结牢固。注意及时洒水养护；冬期施工时，应做好防冻保温措施，以确保砂浆不受冻，其室内温度不得低于 5℃，寒冷天气不得施工。防止空鼓、脱落和裂缝。

2）结构施工期间，控制好几何尺寸，外墙面要垂直、平整，装修前基层处理要认真。应加强对基层打底工件的检查，合格后方可进行下道工序。

3）施工前认真按照图纸尺寸，核对结构施工的实际情况，分段分块弹线、排砖要细，贴灰饼控制点要符合要求。

（4）职业健康安全关键要求

1）用电应符合《施工现场临时用电安全技术规范》JGJ 46—2005 的规定。

2）架搭设应符合《北京市建筑工程施工安全操作规程》DBJ 01-62‑2002 的规定。

3）施工过程中防止粉尘污染应采取相应的防护措施。

（5）环境关键要求

1）施工过程应符合《民用建筑工程室内环境污染控制标准》GB 50325-2020 的规定。

2）施工过程应防止噪声污染，在施工场界噪声敏感区域宜选择使用低噪声的设备，也可以采用其他降低噪声的措施。

4.3.2.3 施工工艺

（1）工艺流程

基层处理→吊垂直、套方、找规矩→贴灰饼→抹底层砂浆→弹线分格→排砖→浸砖→镶贴面砖→面砖勾缝与擦缝。

（2）操作工艺

1）基体为混凝土墙面时的操作方法

① 基层处理：将凸出墙面的混凝土剔平，基体混凝土表面光滑的要凿毛，或用掺界面剂的水泥细砂浆做小拉毛墙，也可刷界面剂并浇水湿润基层。

② 用 10mm 厚 1：3 水泥砂浆打底，应分层分遍抹砂浆，随抹随刮平抹实，用木抹搓毛。

③ 待底层灰六七成干时，按图纸要求、釉面砖规格及结合实际条件进行排砖、弹线。

④ 排砖：根据大样图及墙面尺寸进行横竖向排砖，以保证面砖缝隙均匀，符合设计图纸要求，注意大墙面、柱子和垛子要排整砖，以及在同一墙面上的横竖排列，均不得有小于 1/4 砖的非整砖。非整砖行应排在次要部位，如窗间墙或阴角处等，但亦注意一致和对称。如遇有突出的卡件，应用整砖套割吻合，不得用非整砖随意拼凑镶贴。

⑤ 以废釉面砖贴标准点，以作灰饼的混合砂浆贴在墙面上，用以控制贴釉面砖的表面平整度。

⑥ 垫底尺、准确计算最下一皮砖下口标高，底尺上皮一般比地面低 1cm 左右，以此为依据放好底尺，要水平、安稳。

⑦ 选砖、浸泡：面砖镶贴前，应挑选颜色、规格一致的砖；浸泡砖时，

将面砖表面清扫干净，放入净水中浸泡 2h 以上，取出待表面晾干或擦干净后方可使用。

⑧ 粘贴面砖：粘贴应自下而上进行。抹 8mm 厚 1∶0.1∶2.5 水泥石灰膏砂浆结合层，要刮平，随抹随自上而下粘贴面砖，要求砂浆饱满，亏灰时，取下重贴，并随时用靠尺检查平整度，同时保证缝隙宽度一致。

⑨ 贴完经自检无空鼓、不平、不直后，用棉丝擦干净，用勾缝胶、白水泥或拍干白水泥擦缝，用布将缝的素浆擦匀，砖面擦净。

另外一种做法是，用 1∶1 水泥砂浆加水重 20% 的界面剂或专用瓷砖胶在砖背面抹 3～4mm 厚粘贴即可。但此种做法基层灰必须平整，而且砂子必须用窗纱筛后使用。

另外也可用胶粉来粘贴面砖，其厚度为 2～3mm，此种做法基层灰必须更平整。

2）基体为砖墙面时的操作方法

① 基层处理：抹灰前，墙面必须清扫干净，浇水湿润。

② 12mm 厚 1∶3 水泥砂浆打底，打底要分层涂抹，每层厚度宜为 5～7mm，随即抹平搓毛。

③ 其他同基层为混凝土墙面做法。

4.3.2.4 质量标准

（1）主控项目

1）饰面砖的品种、规格、颜色、图案和性能必须符合设计要求。

2）饰面砖粘贴工程的找平、防水、粘结和勾缝材料及施工方法应符合设计要求、国家现行标准及国家环保污染控制等规定。

3）饰面砖镶贴必须牢固。

4）满粘法施工的饰面砖工程应无空鼓、裂缝。

（2）一般项目

1）饰面砖表面应平整、洁净、色泽一致，无裂痕和缺陷。

2）阴阳角处搭接方式、非整砖使用部位应符合设计要求。

117

3）墙面突出物周围的饰面砖应整砖套割吻合，边缘应整齐。墙裙、贴脸突出墙面的厚度应一致。

4）室内贴面砖允许偏差应符合表 4-5 的规定。

室内贴面砖允许偏差 表 4-5

顺次	项目	允许偏差（mm）	检查方法
1	立面垂直度	2	用 2m 垂直检测尺检查
2	表面平整度	2	用 2m 直尺和塞尺检查
3	阴阳角方正	2	用直角检测尺检查
4	接缝直线度	1	拉 5m，不足 5m 拉通线用钢直尺检查
5	接缝高低差	0.5	用钢尺和塞尺检查
6	接缝宽度	1	用钢直尺检查

4.3.2.5 成品保护

（1）要及时将残留在门框上的砂浆清擦干净，铝合金等门窗宜粘贴保护膜，预防污染、锈蚀，施工人员应加以保护，不得碰坏。

（2）认真贯彻合理的施工顺序，少数工种（水、电、通风、设备安装等）应做在前面，防止损坏面砖。

（3）油漆粉刷不得将油漆滴在已完工的饰面砖上，如果面砖上部为涂料，宜先做涂料，然后贴面砖，以免污染墙面。若需要先做面砖，完工后必须采取贴纸或塑料薄膜等措施，防止污染。

（4）各抹灰层在凝结前应防止风干、水冲和振动，以保证各层有足够的强度。

（5）搬、拆架子时注意不要碰撞墙面。

（6）装饰材料、饰件以及饰面的构件，在运输、保管和施工过程中，必须采取措施防止损坏。

4.3.2.6 安全环保措施

（1）操作前检查脚手架和跳板是否搭设牢固，高度是否满足操作要求，合格后方可上架操作，不符合安全规定之处应及时修正。

（2）禁止穿硬底鞋、拖鞋、高跟鞋在架子上工作，架子上人不得集中在一起，工具要搁置稳定，以防止坠落伤人。

（3）在两层脚手架上操作时，应尽量避免在同一垂直线上工作，必须同时作业时，下层操作人员必须戴安全帽。

（4）抹灰时应防止砂浆掉入眼内；采用竹片或钢筋固定八字靠尺板时，应防止竹片或钢筋回弹伤人。

（5）夜间临时用的移动照明灯，必须使用安全电压。机械操作人员须在培训后持证上岗，对现场一切机械设备，非机械操作人员一律禁止操作。

（6）饰面砖、胶粘剂等材料必须符合环保要求，无污染。

（7）禁止搭设飞跳板，严禁从高处往下抛掷任何物料、工具、施工垃圾等。脚手架严禁搭设在门窗、散热器、水暖等管道上。

4.3.2.7 质量记录

（1）材料应有合格证或复验合格单。

（2）工程验收应有质量验评资料。

（3）结合层、防水层、连接节点、预埋件（或后置埋件）应有隐蔽验收记录。

4.3.2.8 粘贴面砖质量通病及防治措施

（1）质量通病：接缝不平直，缝宽不均匀。

防治措施：

对釉面砖的材质挑选应作为一道工序，应将色泽不同的瓷砖分别堆放，挑出弯曲、变形、裂纹、面层有杂质缺陷的釉面砖。同一类尺寸釉面砖，应用在同层房间或一面墙上，以做到接缝均匀一致。

粘贴时做好规矩，用水平尺找平，校核墙面的方正，算好纵横皮数，画出皮数杆，定出水平标准。以废釉面砖贴灰饼，画出标准，灰饼间距以靠尺板够得着为准，阳角处要两面抹直。

根据弹好的水平线，稳稳放好平尺板，作为粘贴第一行釉面砖的依据，由下向上逐行粘贴。每贴好一行釉面砖，应及时用靠尺板横、竖向靠直，偏差处用灰匙木柄轻轻敲平，及时校正横、竖缝平直，严禁在粘贴砂浆收水后再进行纠偏移动。

（2）质量通病：釉面砖表面裂缝。

防治措施：

在施工过程中，浸泡釉面砖应用洁净水，粘贴釉面砖的砂浆，应使用干净的原材料进行拌制，粘贴应密实，砖缝应嵌塞严密，砖面应擦洗干净。

釉面砖粘贴前一定要浸泡透，将有隐伤的挑出。尽量使用和易性、保水性较好的砂浆粘贴。操作时不要用力敲击砖面，防止产生隐伤。

（3）质量通病：变色，污染，白度降低，泛黄发花，发黑。

防治措施：

基层清理干净，表面修补平整，墙面洒水湿透。

釉面砖使用前，必须清洗干净，用水浸泡到釉面砖不冒气为止，且不少于2h，然后取出，待表面晾干后方可粘贴。

釉面砖粘贴砂浆厚度一般控制在 7～10mm，过厚或过薄均易产生空鼓。必要时使用掺水泥质量 3％的 108 胶水泥砂浆，以增加粘贴砂浆的和易性、保水性。此砂浆有一定的缓凝作用，不但可以增加粘贴力，而且可以减少粘贴层的厚度，便于操作，易于保证镶贴质量。

当采用混合砂浆粘结层时，粘贴后的釉面砖可用灰匙木柄轻轻敲击；当采用 108 胶聚合物水泥砂浆粘结层时，可用手轻压，并用橡皮锤轻轻敲击，使其与底层粘结密实牢固。凡遇粘结不密实时，应取下重贴，不得在砖大处塞灰。

当釉面砖墙面有空鼓和脱落时，应取下釉面砖，铲去原有粘结砂浆，采用 108 胶聚合物水泥砂浆粘贴修补。

4.3.3 玻化砖干挂墙面施工技术

4.3.3.1 前言

目前，国内应用于室内墙面高档装修材料的玻化砖施工多以湿贴法为主，但是湿贴法所带来的空鼓、脱落等问题一直困扰着施工队伍，可以采取以粘挂结合的施工工艺替代湿贴法进行玻化砖施工。因为玻化砖的厚度等性能指标不同于石材，不能套用干挂石材的施工工艺。

4.3.3.2　工法特点

（1）墙面干挂玻化砖与传统干挂花岗石、大理石相比具有以下优点：抗折强度高，自重轻；放射性污染小；色彩丰富，可加工成各种颜色、图案、纹路；色泽一致，视觉无色差；大批量加工、订货方便、快捷；尺寸精确，温度应变小；经济便宜，造价低。

（2）玻化砖干挂法施工避免了湿法镶贴工艺带来的空鼓、裂缝、脱落等缺点。

4.3.3.3　适用范围

本工法适用于除轻质隔墙、木结构以外的基层材质的内墙高档装饰装修工程施工。

4.3.3.4　工艺原理

通过螺栓将角码固定在墙面上，然后通过焊接固定竖向龙骨及横向龙骨，再用螺栓将不锈钢挂榫固定在横向龙骨上，在玻化砖的背面粘贴已开槽的花岗石挂卯，按照设计排列要求，将其固定在不锈钢挂榫上。角码、槽钢和角钢的横向、纵向剖面示意见图 4-1 和图 4-2。

4.3.3.5　施工工艺流程及操作要点

（1）施工工艺流程

主要施工工艺流程：施工准备→测量放线→钢构架安装→不锈钢挂榫安装→花岗石挂卯开槽、与玻化砖粘贴→玻化砖安装→嵌缝、打蜡。

（2）操作要点

1）施工准备

① 编制施工方案，根据施工图进行排砖设计，画出排砖图。

② 对现场操作人员进行岗前培训和安全技术交底。

③ 检查基层表面平整度是否满足设计及施工的要求。

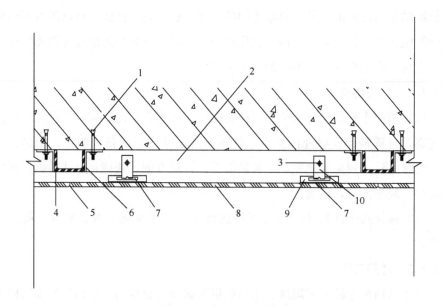

图 4-1　角码、槽钢和角钢的横向剖面示意图

1—M10 镀锌膨胀螺栓或化学植筋；2—角钢；3—10mm 不锈钢螺栓；4—6 号槽钢；

5—硅酮耐候密封胶勾缝；6—镀锌角码；7—环氧树脂型石材专用结构胶；

8—玻化砖；9—花岗石挂卯；10—不锈钢挂榫

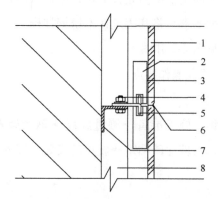

图 4-2　角码、槽钢和角钢纵向剖面示意图

1—玻化砖；2—花岗石挂卯；3—环氧树脂型石材专用结构胶；4—不锈钢螺栓；

5—不锈钢挂榫；6—硅酮耐候密封胶勾缝；7—角钢；8—槽钢

2）测量放线

① 复查水准点和基准线。

② 根据设计排砖图和砖的尺寸先在墙上预排，弹出分格线。

3）钢构架安装

① 根据设计图纸及分格线确定槽钢及角码的位置，在墙上标记出螺栓的孔位并进行钻孔，钻好孔位后，埋置膨胀螺栓或化学植筋。螺栓应埋置在实心砖砌体或混凝土墙、梁内，若基体为空心砖或加气混凝土砌块，应在墙体中加设钢筋混凝土连系梁。若采用化学植筋，应在化学植筋置入锚孔后，按照厂家提供的养护条件进行养护固化，固化期间禁止扰动。后置螺栓应进行现场拉拔试验。试验结果满足设计要求后，将角码固定在螺栓上。

② 通过焊接将竖向槽钢固定在角码上，焊接时要求三面围焊，有效焊接长度≥10cm，焊缝高度≥5mm。根据分格线确定横向角钢的位置并将其两端焊接固定在竖向槽钢上。角码、角钢与槽钢的焊缝位置示意见图4-3。

③ 钢构架安装前先刷两遍防锈漆，安装完毕后应在焊缝处补涂防锈漆。安装槽钢及角钢时，应先临时固定，再测量标高偏差及轴线偏差；符合要求后，再连续施焊，固定槽钢及角钢。

4）不锈钢挂榫安装

① 根据网格线和挂榫的规格，在角钢上标出玻化砖安装挂榫的螺栓孔位，用电钻钻孔，孔径须比挂榫螺栓直径大一号，必要时可多钻备孔。

② 用螺栓固定不锈钢挂榫，通过在水平角钢和不锈钢挂榫之间添加垫片调整挂榫标高。不锈钢挂榫安装时，不宜将螺栓拧紧以便安装玻化砖时调整位置。

③ T形不锈钢挂榫示意见图4-4，L形不锈钢挂榫示意见图4-5，门窗边转角处固定的镀锌角码和不锈钢挂榫示意见图4-6。

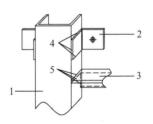

图4-3 角码、角钢与槽钢的
焊缝位置示意图

1—竖向槽钢；2—角码；3—横向角钢；4—角码与槽钢焊缝位置；5—槽钢与角钢焊缝位置

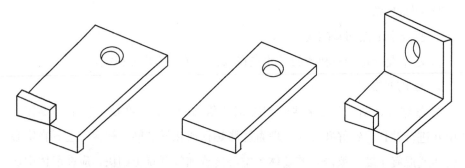

图 4-4 T 形不锈钢挂榫　　图 4-5 L 形不锈钢挂榫　　图 4-6 门窗边不锈钢挂榫

5）花岗石挂卯开槽、与玻化砖粘贴

① 根据不锈钢挂榫的规格，在花岗石挂卯顶部或底部中间开槽，开槽长度宜为 60mm，在有效长度内槽深度不宜小于 15mm，开槽宽度宜为 6mm 或 7mm。挂卯槽口应打磨成 45°倒角，槽内应光滑、洁净，开槽后不得有损坏或崩裂现象。

② 将花岗石挂卯表面及玻化砖背面粘贴区域清理干净，而后将调配好的耐候胶均匀地刮在石块表面上。胶团面积不应小于花岗石挂卯单面面积的 85%，胶团厚度不应小于 2mm，再将挂卯揉压于玻化砖背面相应的位置上。每块玻化砖背面的四个角应各粘贴一块花岗石挂卯，采用 T 形不锈钢挂榫花岗石背面粘贴挂卯位置示意见图 4-7。

③ 除采用 T 形不锈钢挂榫外还可采用 L 形不锈钢挂榫，但玻化砖背面上下排花岗石挂卯的粘贴位置应相互错开 10cm，以便于挂榫的安装、调整，粘贴位置示意见图 4-8。

④ 花岗石挂卯粘贴后 40min 内禁止移位或者挪动，达到设计要求的强度后方可进行玻化砖安装。

6）玻化砖安装

① 安装一般从主要的观赏面开始，自下而上依次按一个方向顺序安装，尽量避免交叉作业以减少偏差，并注意板材色泽的一致性。

② 正式挂砖前，应适当调整砖的缝宽及不锈钢挂榫位置。砖面上口不平

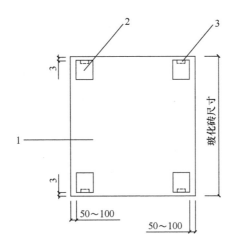

图 4-7　T 形不锈钢挂榫花岗石背面粘贴挂卯粘贴位置示意图

1—玻化砖背面；2—花岗石挂卯；3—花岗石挂卯开槽位置

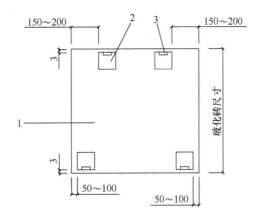

图 4-8　L 形挂榫花岗石挂卯粘贴位置示意图

1—玻化砖背面；2—花岗石挂卯；3—花岗石挂卯开槽位置

时，可通过在砖底的较低一端不锈钢挂榫下垫相应的双股铜丝垫进行调整；调节垂直度时，可调整砖面上口的不锈钢挂榫距墙的空隙大小，直至砖面垂直，拧紧螺栓固定不锈钢挂榫。

③ 挂砖时应先将环氧树脂型石材专用结构胶注入花岗石挂卯槽内，再将其套入不锈钢挂榫，挂榫入孔深度不宜小于 15mm，将结构胶清洁干净。

④ 每排玻化砖安装完成后，应做一次外形误差的调校，并用扭力扳手对挂榫螺栓旋紧力进行抽检复验。

⑤ 细部做法

a. 墙体阳角、阴角横向剖面示意见图4-9、图4-10。

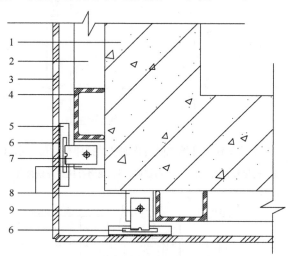

图4-9　墙体阳角横向剖面示意图

1—预制混凝土梁；2—角钢；3—玻化砖；4—槽钢；5—花岗石挂卯；
6—专用结构胶；7—不锈钢挂榫；8—角码；9—不锈钢螺栓

b. 门窗处节点剖面示意见图4-11、图4-12。

c. 玻化砖与地坪交接处封底示意见图4-13，与顶棚交接处收口示意见图4-14。

7）嵌缝、打蜡

① 清扫拼接缝，沿面板边缘贴防污条，用注胶器进行嵌缝。防污条应选用4cm左右的纸带型不干胶带，边沿要贴齐、贴严，嵌缝应按设计要求的材料和深度进行，如胶面不平顺，可用不锈钢小勺刮平，小勺要随用随擦。根据玻化砖颜色可在胶中加适量矿物质颜料调整嵌缝颜色。

② 玻化砖安装完成后应打蜡，以避免其毛细孔暴露在外渗入油污而造成渗色。打蜡前，用水加洗涤剂将玻化砖冲洗干净，并用布擦干，待表面完全干燥后进行打蜡。

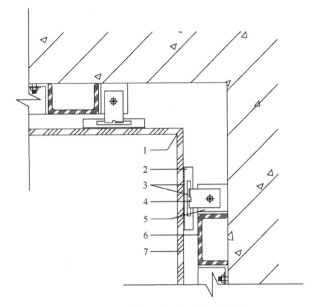

图 4-10 墙体阴角横向剖面示意图

1—硅酮耐候胶；2—花岗石挂卯；3—专用结构胶；
4—不锈钢挂榫；5—角码；6—槽钢；7—玻化砖

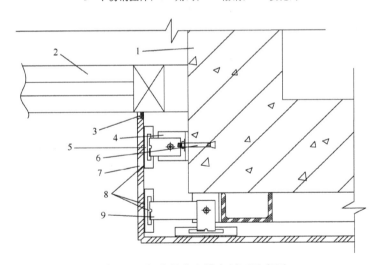

图 4-11 门窗处节点横向剖面示意图

1—预制混凝土梁；2—门窗；3—硅酮耐候胶；4—角码；5—花岗石挂卯；
6—膨胀螺栓或化学植筋；7—玻化砖；8—专用结构胶；9—不锈钢挂榫

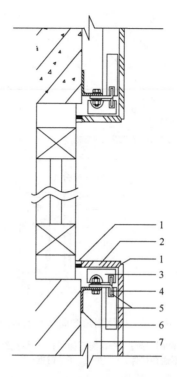

图 4-12　门窗处节点纵向剖面示意图

1—硅酮耐候胶；2—玻化砖；3—花岗石挂卯；4—不锈钢挂榫；
5—专用结构胶；6—角钢；7—槽钢

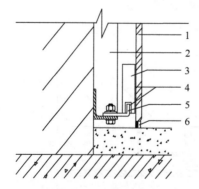

图 4-13　玻化砖与地坪交接处封底示意图

1—玻化砖；2—槽钢；3—花岗石挂卯；
4—专用结构胶；5—不锈钢挂榫；
6—硅酮耐候密封胶

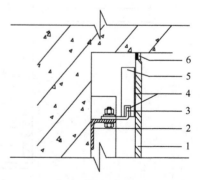

图 4-14　玻化砖与顶棚交接处收口示意图

1—玻化砖；2—角钢；3—不锈钢挂榫；
4—专用结构胶；5—花岗石挂卯；
6—硅酮耐候密封胶

4.3.3.6 材料与设备

（1）材料

1）玻化砖（规格 800mm×800mm×10mm 或 1000mm×1000mm× 10mm）、100mm×100mm×25mm 花岗石挂卯、6 号槽钢、L40mm×40mm× 4mm 角钢、40mm×40mm×5mm 镀锌角码、不锈钢连接件、膨胀螺栓（或化学植筋）、不锈钢螺栓、环氧树脂型石材专用结构胶、硅酮耐候密封胶等。

2）玻化砖的品种、规格应符合设计要求，各项性能应符合《陶瓷砖》 GB/T 4100—2015 的规定。

3）花岗石挂卯的大小应根据玻化砖规格及结构胶强度进行选择，不宜小于玻化砖面积的 1/20，且开槽方向的长度不应小于 10cm，宽度不应小于 8cm。

（2）机具设备

1）施工机具：手提石材切割机、电焊机、钻孔机、冲击钻、注胶器等。

2）检测仪器：力矩扳手、水准仪、经纬仪、水平靠尺、钢卷尺、铅垂仪等。

4.3.3.7 质量控制

（1）质量控制标准

1）施工质量应严格按《建筑装饰装修工程质量验收标准》GB 50210— 2018 以及国家建筑工程质量有关规定执行。

2）进入施工现场的玻化砖、专用粘合剂、螺栓、金属挂榫及钢材等应具有产品出厂合格证及检测报告。非标准五金件应符合设计要求，并有出厂合格证，同时应符合《紧固件机械性能 不锈钢螺栓、螺钉和螺柱》GB/T 3098.6—2014 和《紧固件机械性能 不锈钢螺母》GB/T 3098.15—2014 的规定。

3）后置埋件（膨胀螺栓或化学植筋）应符合《混凝土结构后锚固技术规程》JGJ 145—2013 的要求。

4）密封胶应符合《石材用建筑密封胶》GB/T 23261—2009 的要求。

5）竖向槽钢标高偏差不应大于 3mm，垂直度偏差不应大于 2mm；相邻两根竖向槽钢安装标高偏差不应大于 3mm，同层竖向槽钢的最大标高偏差不应大于 5mm，相邻两根竖向槽钢的距离偏差不应大于 2mm。

6）相邻两根水平角钢的水平标高偏差不应大于 1mm。同层标高偏差：当一幅幕墙长度≤6m 时，不应大于 3mm；当一幅幕墙长度＞6m 时，不应大于 5mm。

7）玻化砖每层安装完成，应做一次外形误差的调校，其允许偏差应符合表 4-6 的规定。

玻化砖安装允许偏差 表 4-6

项目		允许偏差（mm）	检查方法
竖缝及墙面垂直度	层高≤3m	≤2	用经纬仪检查
	层高＞3m	≤3	
表面平整度（层高）		≤2	用 2m 靠尺检查
竖缝平直度（层高）		≤2	用 2m 靠尺检查
横缝平直度（层高）		≤2	用 2m 靠尺检查
接缝宽度（与设计值相差）		≤1	用卡尺检查
接缝深度（与设计值相差）		≤1	用卡尺检查
阳角方正		≤2	用直角尺检查
相邻板角错位		≤1	用钢尺检查

（2）质量控制要点

1）螺栓安装结束进行下道工序施工前，应使用力矩扳手进行扭矩检测，使之达到设计及国家规范的要求。

2）搬运玻化砖时应轻拿轻放，避免缺棱、缺角。

3）嵌缝应按设计要求的材料和深度进行，用力要均匀，走枪要稳而慢，应连续、平直、光滑，填嵌密实，宜按先水平后垂直的顺序进行。

4）结构胶、密封胶应做与玻化砖和花岗石挂卯的相容性试验，试验通过后，方可使用。

5）玻化砖与花岗石挂卯粘贴后 40min 内禁止移位或者挪动，粘贴 24h 后，方可正常使用。

4.3.3.8 安全措施

（1）干挂玻化砖施工的安全措施应符合《建筑施工安全检查标准》JGJ 59—2011、《建筑施工高处作业安全技术规范》JGJ 80—2016 和《建筑施工扣件式钢管脚手架安全技术规范》JGJ 130—2011 的规定。

（2）施工人员进入现场必须戴好安全帽，上架子作业必须穿好防滑鞋。

（3）施工操作人员用电及使用机械时应遵守《施工现场临时用电安全技术规范》JGJ 46—2005 及《建筑机械使用安全技术规程》JGJ 33—2012 的有关规定。

（4）操作人员必须经过三级安全教育和安全技术交底方可上岗，特殊工种需持有特殊工种证。

（5）电焊施工前需办理施工现场动火审批。

4.3.3.9 环保措施

（1）玻化砖施工应符合《民用建筑工程室内环境污染控制标准》GB 50325—2020 的规定。

（2）施工中严格执行《建筑施工场界环境噪声排放标准》GB 12523—2011，控制和降低施工机械造成的噪声污染。

（3）合理安排作业时间，避免在中午和夜间进行切割作业，使施工噪声对周围环境影响降到最低程度。在施工场界噪声敏感区域宜选择使用低噪声的设备并实行封闭施工，采取有效措施控制噪声、扬尘、废物排放。

（4）切割玻化砖及花岗石挂卯的工人应佩戴口罩、穿长袖衣服、戴手套，防止吸入粉尘、损伤皮肤。

4.3.4 陶瓷马赛克墙面施工技术

4.3.4.1 施工准备

（1）技术准备

编制陶瓷马赛克工程施工方案，并对工人进行书面技术及安全交底。

（2）材料准备

1) 水泥：42.5 级普通硅酸盐水泥或矿渣硅酸盐水泥，应有出厂证明或复试单，若出厂超过 3 个月，应按试验结果使用。

2) 白水泥：42.5 级白水泥。

3) 砂子：粗砂或中砂，用前过筛，尚应符合国家相关标准的规定。

4) 陶瓷马赛克：应表面平整，颜色一致；每张长宽规格一致，尺寸正确，边棱整齐；一次进场；脱纸时间不得大于 40min。

5) 石灰膏：应用块状生石灰淋制，淋制时必须用孔径不大于 3mm×3mm 的筛过滤，并储存在沉淀池中。

6) 生石灰粉：抹灰用的石灰膏可用磨细生石灰粉代替，其细度应通过 4900 孔/cm² 筛。用于罩面时，熟化时间不应小于 3d。

7) 纸筋：用白纸筋或草纸筋，使用前 3 周应用水浸透捣烂，使用时宜用小钢磨磨细。

（3）主要机具

砂浆搅拌机、手提石材切割机、木抹子、灰槽、小型台式砂轮、手推车铝合金靠尺、水平尺、钢丝、粉线包、墨斗、小白线、开刀、卷尺、方尺、线坠、托线板。

（4）作业条件

根据设计图纸要求，按照建筑物各部位的具体做法和工程量，挑选出颜色一致、同规格的玻璃陶瓷马赛克，分别堆放并保管好。

4.3.4.2 关键质量要点

（1）材料的关键要求

水泥采用 42.5 级矿渣硅酸盐水泥或普通硅酸盐水泥，应有出厂证明或复验合格单，若出厂日期超过 3 个月或水泥已结有小块的不得使用；砂子应使用粗中砂；陶瓷马赛克应表面平整、颜色一致，每张长宽规格一致，尺寸正确，边棱整齐。

（2）技术关键要求

弹线必须准确，经复验后方可进行下道工序。基层处理抹灰前，墙面必须清扫干净,浇水湿润;基层抹灰必须平整;贴砖应平整牢固,砖缝应均匀一致,做好养护。

(3) 质量关键要求

1) 施工时,必须做好墙面基层处理,浇水充分湿润。在抹底层灰时,根据不同基体采取分层分遍抹灰方法,并严格配合比计量,掌握适宜的砂浆稠度,按比例加界面剂,使各灰层之间粘结牢固。注意及时洒水养护;冬期施工时,应做好防冻保温措施,以确保砂浆不受冻,其室内温度不得低于5℃,但寒冷天气不得施工。防止空鼓、脱落和裂缝。

2) 结构施工期间,应控制好几何尺寸,外墙面应垂直、平整,装修前应认真处理基层。应加强对基层打底工作的检查,合格后方可进行下道工序。

3) 施工前认真按照图纸尺寸,核对结构施工的实际情况,要分段分块弹线,排砖要细,贴灰饼控制点应符合要求。

4.3.4.3 施工工艺

(1) 工艺流程

基层处理→吊垂直、套方找规矩、贴灰饼→抹底子灰→弹控制线→陶瓷马赛克镶贴→揭纸、调缝→擦缝。

(2) 操作工艺

1) 基层处理:首先将凸出墙面的混凝土剔平,对大规模施工的混凝土墙面应凿毛,并用钢丝刷满刷一遍,再浇水湿润,并用水泥:砂:界面剂=1:0.5:0.5的水泥砂浆对混凝土墙面进行拉毛处理。

2) 吊垂直、套方找规矩、贴灰饼:根据墙面结构平整度找出贴陶瓷马赛克的规矩,如果是高层建筑物在外墙全部贴陶瓷马赛克,应在四周大角和门窗口边用经纬仪打垂直线找直;如果是多层建筑,可从顶层开始用特制的大线坠低碳钢丝吊垂直,然后根据陶瓷马赛克的规格、尺寸分层设点、做灰饼。横向线以楼层为水平基线交圈控制,竖向线则以四周大角和层间贯通柱、垛子为基线控制。每层打底时以此灰饼为基准点进行冲筋,使其底层灰做到横平竖直、方正。同时要注意找好突出檐口、腰线、窗台、雨篷等饰面的流水坡度和滴水线，坡度应小于 3％。

3）抹底子灰：底子灰一般分两次操作，第一遍水泥砂浆，其配合比为 1：2.5 或 1：3，并掺水泥质量 20％的界面剂，薄薄地抹一层，用抹子压实。第二遍用相同配合比的砂浆按冲筋抹平，用短杠刮平，低凹处事先填平补齐，最后用木抹子搓出麻面。底子灰抹完后，隔天浇水养护。找平层厚度不应大于 20mm，若超过此值必须采取加强措施。

4）弹控制线：贴陶瓷马赛克前应放出施工大样，根据具体高度弹出若干条水平控制线，在弹水平线时，应计算将使用的陶瓷马赛克块数，使两线之间保持整砖数。如分格需按总高度均分，可根据设计与陶瓷马赛克的品种、规格定出分格缝宽度，再加工分格条。但要注意同一墙面不得有一排以上的非整砖，并应将其镶贴在较隐蔽的部位。

5）陶瓷马赛克镶贴：在每一分段或分块内均应自下向上镶贴。铺贴时底灰要浇水润湿，并在弹好水平线的下口支上一根垫尺，一般 3 人为一组进行操作。一人浇水润湿墙面，先刷上一道素水泥浆，再抹 2～3mm 厚的混合灰粘结层，其配合比为纸筋：石灰膏：水泥＝1：1：2，亦可采用1：0.3水泥纸筋灰，用靠尺板刮平，再用抹子抹平；另一人将陶瓷马赛克铺在木托板上，缝里灌上 1：1 水泥细砂子灰，用软毛刷子刷净麻面，再抹上薄薄一层灰浆。然后一张一张递给另一个人，将四边灰刮掉，两手执住陶瓷马赛克上面，在已支好的垫尺上由下往上贴，缝对齐，注意按弹好的横、竖线贴。如分格贴完一组，将米厘条放在上口线继续贴第二组。镶贴的高度应根据当时气温条件而定。

6）揭纸、调缝：贴完陶瓷马赛克的墙面，要一只手拿拍板，靠在贴好的墙面上，另一只手拿锤子对拍板满敲一遍；然后将陶瓷马赛克上的纸用刷子刷上水，等 20～30min 后便可开始揭纸；揭开纸后检查分格缝大小是否均匀，如出现歪斜，应先横后竖进行调整。

7）擦缝：粘贴后 48h，先用抹子把白水泥浆摊放在需擦缝的陶瓷马赛克上，然后用刮板将水泥浆向分格缝刮满、刮实、刮严；再用麻丝和擦布将表面擦净；遗留在分格缝里的浮砂可用潮湿干净的柔毛刷轻轻带出，如需要清洗饰面时，应待勾缝材料硬化后方可进行；超出米厘条的分格缝子应用1:1水泥砂浆勾严勾平，再用擦布擦净。

（3）冬期施工

当气温低于5℃时，应掺入能降低冻结温度的外加剂。

4.3.4.4 质量标准

（1）主控项目

1）陶瓷马赛克的品种、规格、颜色、图案必须符合设计要求和国家现行标准的规定。

2）陶瓷马赛克镶贴必须牢固，无歪斜、缺棱、掉角和裂缝等缺陷。

3）找平、防水、粘结和勾缝材料及施工方法，应符合设计要求及国家现行标准的规定，尚应符合室内环境质量验收标准。

（2）一般项目

1）表面：平整、洁净，颜色协调一致。

2）接缝：填嵌密实、平直，宽窄一致，颜色一致，阴阳角处的砖压向正确，非整砖的使用部位适宜。

3）套割：用整砖套割吻合，边缘整齐；墙裙、贴脸等突出墙面的厚度一致。

4）坡向、滴水线：流水坡向正确；滴水线顺直。

5）陶瓷马赛克施工允许偏差见表4-7。

陶瓷马赛克施工允许偏差　　　　　　　　　　　　表4-7

序号	项目		允许偏差（mm）	检验方法
1	立面垂直	室内	2	用2m靠尺和塞尺检查
		室外	3	
2	表面平整		2	用2m靠尺和塞尺检查
3	阴阳角方正		2	用20cm方尺和塞尺检查
4	接缝平直		2	拉5m线和尺量检查
5	墙裙上口平直		2	拉5m线和尺量检查
6	接缝高低	室内	0.5	用钢板短尺和塞尺检查
		室外	1	

4.3.4.5 成品保护

（1）镶贴好的陶瓷马赛克墙面，应有切实可靠的防止污染的措施；应及时清擦干净残留在门窗框、扇上的砂浆。

（2）每层抹灰层在凝结前应防止风干、暴晒、水冲、撞击和振动。

（3）少数工种的各种施工作业应做在陶瓷马赛克镶贴之前，防止损坏面砖。

（4）拆除架子时注意不要碰撞墙面。

（5）合理安排施工程序，避免相互间的污染。

4.3.4.6 安全环保措施

安全环保措施参见"4.3.2.6 安全环保措施"。

4.3.4.7 质量记录

（1）陶瓷马赛克等出厂合格证及其复试报告。

（2）水泥的凝结时间、安定性和抗压强度复验记录。

（3）分项工程质量检验记录。

4.3.4.8 质量通病及预防措施

（1）质量通病：饰面层陶瓷马赛克空鼓、脱落

预防措施：

陶瓷马赛克开始铺砌后，不得在脚手架上和室内外倒脏水、垃圾，操作人员应严格做到工作结束后马上做好落地灰清理工作。勾缝时应自上而下进行，拆除脚手架应注意不要碰坏墙面。

（2）质量通病：饰面污染

预防措施：

陶瓷马赛克墙面、地面工作完成后，如受砂浆、水泥浆等沾污，可用10％稀盐酸溶液洗刷，再用清水清洗。必须注意，洗刷时应由上而下进行，再用清水洗净。

（3）质量通病：饰面不平整，分格缝、砖缝不匀、不直

预防措施：

施工前应认真核对结构实际偏差情况，根据排砖模数和分格要求，绘制出施工大样图，并加工好分格条；事先选好陶瓷马赛克，裁好规格编上号，便于粘贴时对号入座。

对不合要求、偏差较大的基层表面，要预先剔凿或修补，防止在窗口、窗台、腰线、砖垛等部位出现分格缝隙留不均匀或阳角处不够整砖的情况。抹底子灰要求确保平整，阴阳角要垂直方正，抹完后划毛并浇水养护。

在底子灰上从上到下弹出若干水平线，在阴阳角、窗口处弹上垂直线，以之作为粘贴时控制的标准线。

陶瓷马赛克面层粘贴后，要用拍板靠放在已贴好的面层以上，用小锤敲击拍板，满敲均匀，使面层粘贴牢固平整。检查分格缝平直、大小情况，将弯扭的分格缝隙用开刀拨正调直，再用小锤、拍板在面层均匀拍打一遍，至表面平整为止，然后刷水揭去护面纸。

4.3.5 轻钢龙骨石膏板隔墙施工技术

4.3.5.1 施工准备

（1）技术准备

编制轻钢骨架石膏板隔墙工程施工方案，并对工人进行书面技术及安全交底。

（2）材料要求

1）轻钢龙骨、配件和罩面板均应符合国家现行标准的规定。当装饰材料进场检验，发现不符合设计要求及室内环保污染控制规范的有关规定时，严禁使用。

① 轻钢龙骨主件：沿顶龙骨、沿地龙骨、加强龙骨、竖向龙骨、横撑龙骨应符合设计要求。

② 轻钢骨架配件：支撑卡、卡托、角托、连接件、固定件、护墙龙骨和压条等附件应符合设计要求。

③ 紧固材料：拉锚钉、膨胀螺栓、镀锌自攻螺钉、木螺钉和嵌缝材料应

符合设计要求。

④ 罩面板应表面平整、边缘整齐，不应有污垢、裂纹、缺角、翘曲。

2）填充材料：岩棉应按设计要求选用。

4.3.5.2 关键质量要点

（1）材料的关键要求

龙骨、配件和纸面石膏板材料均应符合国家现行标准的规定。

（2）技术关键要求

弹线必须准确，经复验后方可进行下道工序。固定沿顶和沿地龙骨，各自交接后的龙骨，应保持平整垂直，安装牢固。

（3）质量关键要求

1）上下槛与主体结构连接牢固，上下槛不允许断开，保证隔断的整体性。严禁隔断墙上连接件采用射钉固定在砖墙上。应采用预埋件进行连接。上下槛必须与主体结构连接牢固。

2）罩面板应经过严格选材，表面应平整、光洁。安装罩面板前应严格检查龙骨的垂直度和平整度。

4.3.5.3 施工工艺

（1）工艺流程

弹线→安装天地龙骨→竖向龙骨分档→安装竖向龙骨→安装系统管、线→安装横向卡挡龙骨→安装门洞口框→安装第一层罩面板（一侧）→安装隔声棉→安装第一层罩面板（另一侧）→安装第二层罩面板。

（2）操作工艺

1）弹线

在基体上弹出水平线和竖向垂直线，以控制隔断龙骨安装的位置、龙骨的平直度和固定点。

2）隔断墙龙骨的安装

① 沿弹线位置固定沿顶和沿地龙骨。各自交接后的龙骨，应保持平直。固定点间距不应大于600mm，龙骨的端部必须固定牢固。边框龙骨与基板之

间，应按设计要求安装密封条。

② 当选用支撑卡系列龙骨时，应先将支撑卡安装在竖向龙骨的开口上，卡距为 400～600mm，距龙骨两端的距离为 20～25mm。

③ 选用通贯系列龙骨时，高度低于 3m 的隔墙安装一道；高度 3～5m 时安装 2 道；高度 5m 以上时安装 3 道。

④ 门窗或特殊接点处，应使用附加龙骨，加强安装应符合设计要求。

⑤ 隔断的下端，如用木踢脚板覆盖，隔断的罩面板下端应离地面 10～20mm；如用大理石、水磨石踢脚时，罩面板下端应与踢脚板上口齐平，接缝要严密。

⑥ 隔墙骨架允许偏差应符合表 4-8 的规定。

隔墙骨架允许偏差   表 4-8

项次	项目	允许偏差（mm）	检验方法
1	立面垂直	3	用 2m 托线板检查
2	表面平整	2	用 2m 直尺和楔形塞尺检查

3）石膏板安装

① 安装石膏板前，应对预埋隔断中的管道和附于墙内的设备采用局部加强措施。

② 石膏板应竖向铺设，长边接缝应落在竖向龙骨上。

③ 双面石膏罩面板安装，应与龙骨一侧的内外两层石膏板错缝排列，接缝不应落在同一根龙骨上；需要进行隔声、保温、防火施工时应根据设计要求在龙骨一侧安装好石膏罩面板后，再进行隔声、保温、防火等材料的填充；一般采用玻璃丝棉或 30～100mm 岩棉板进行隔声、防火处理；采用 50～100mm 苯板进行保温处理，再封闭另一侧的板。

④ 石膏板应采用自攻螺钉固定。周边螺钉的间距不应大于 200mm，中间部分螺钉的间距不应大于 300mm，螺钉与板边缘的距离应为 10～16mm。

⑤ 安装石膏板时，应从板的中部开始向板的四边固定。钉头略埋入板内，但不得损坏纸面；钉眼应与石膏腻子抹平。

⑥ 石膏板应按框格尺寸裁割准确；就位时应与框格靠紧，但不得强压。

⑦ 隔墙端部的石膏板与周围的墙或柱应留有 3mm 的槽口。施铺罩面板时，应先在槽口处加注嵌缝膏使面板与邻近表面接触紧密。

⑧ 在丁字形或十字形相接处，如为阴角应用腻子嵌满，贴上接缝带；如为阳角应做护角。

⑨ 石膏板的接缝宽度一般应为 3～6mm，必须坡口与坡口相接。

4）铝合金装饰条板安装

用铝合金条板装饰墙面时，可用螺钉直接固定在结构层上；也可用锚固件悬挂或嵌卡的方法，将板固定在轻钢龙骨上，或将板固定在墙筋上。

5）细部处理

墙面安装胶合板时，阳角处应做护角，以防板边角损坏；阳角的处理应采用刨光起线的木质压条，以增加装饰。

4.3.5.4　质量标准

（1）主控项目

1）轻钢骨架和罩面板材质、品种、规格、式样应符合设计要求和施工规范的规定。

2）轻钢龙骨架必须安装牢固，无松动，位置准确。

3）罩面板无脱层、翘曲、折裂、缺棱、掉角等缺陷，安装必须牢固。

（2）一般项目

1）轻钢龙骨架应顺直，无弯曲、变形和劈裂。

2）罩面板表面应平整、洁净、无污染、麻点、锤印，颜色一致。

3）罩面板之间的缝隙或压条宽窄应一致，整齐、平直，压条与接缝严密。

4）骨架隔墙面板安装的允许偏差见表 4-9。

骨架隔墙面板安装的允许偏差　　　　　　　　　　表 4-9

项次	项目	允许偏差（mm）	检验方法
1	立面垂直度	3	用 2m 托线板检查
2	表面平整度	2	用 2m 靠尺和塞尺检查

项次	项目	允许偏差（mm）	检验方法
3	接缝高低差	0.5	用2m直尺或塞尺检查
4	阴阳角方正	2	拉5m线，不足5m拉通线用钢直尺检查

4.3.5.5 成品保护

（1）隔墙轻钢龙骨架及罩面板安装时，应注意保护隔墙内装好的各种管线。

（2）施工部位已安装好的门窗，已施工完的地面、墙面、窗台等应注意保护，防止损坏。

（3）轻钢骨架材料，特别是罩面板材料，在进场、存放、使用过程中应妥善管理，使其不变形、不受潮、不损坏、不污染。

4.3.5.6 质量记录

（1）应做好隐蔽工程验收记录、技术交底记录。

（2）轻钢龙骨、面板、胶等材料合格证，国家有关环保规范要求的检测报告。

（3）工程验收质量验评资料。

4.3.5.7 轻钢龙骨隔断墙质量通病

（1）质量通病：饰面开裂

1）原因分析

① 罩面板边缘钉结不牢，钉距过大或有残损钉件未补钉。

② 接缝处理不当，未按板材配套嵌缝材料及工艺进行施工。

2）预防措施

① 注意按规范铺钉。

② 按照具体产品选用配套嵌缝材料及施工技术。

③ 对于重要部位的板缝采用玻璃纤维网格胶带取代接缝纸带。

④ 填缝腻子及接缝带不宜自配自选。

（2）质量通病：罩面板变形

1）原因分析

① 隔断骨架变形。

② 板材铺钉时未按规范施工。

③ 隔断端部与建筑墙、柱面的顶接处处理不当。

2）预防措施

① 隔断骨架必须经验收合格后方可进行罩面板铺钉。

② 板材铺钉时应由中间向四边顺序钉固，板材之间密切拼接，但不得强压就位，并注意保证错缝排布。

③ 隔断端部与建筑墙、柱面的顶接处，宜留缝隙并采用弹性密封膏填充。

④ 对于重要部位隔断墙体，必须采用附加龙骨补强，龙骨间的连接必须到位并铆接牢固。

4.3.6　木饰面墙面施工技术

4.3.6.1　材料要求

（1）所用材料品种、规格、图案、线条花纹，安装、镶贴、固定方法及粘结材料，必须符合设计要求，各类材料具有产品合格证书。

（2）木龙骨应进行防腐、防火处理。

4.3.6.2　施工方法

（1）工艺流程

弹线→制作木龙骨→固定木龙骨→隐蔽验收→安装木饰面板→收口线条的处理。

1）弹线：弹线的作用有两个：第一，使工作有了基准线，便于下道工序掌握施工位置；第二，检查墙面预埋件是否与设计吻合，电气布线是否影响木龙骨安装位置，空间尺寸与原设计尺寸是否适宜，标高尺寸有否改动。标高线的做法：首先定出地平基准线，然后以地平基准线为起点，在墙面上量出护墙板的装修标高，在该点画出高度线。

2）制作木龙骨：先把墙上需分片或可以分片的尺寸位置定出，根据分片尺寸进行拼接前安排；龙骨采用 30mm×50mm 木方；先拼接大片的木龙骨，再拼接小片的木龙骨；木龙骨需进行防火处理。

3）固定木龙骨：固定木龙骨时，应将龙骨立起后靠在建筑墙面上，用垂线法检查木龙骨的平整度，然后把校正好的木龙骨按墙面弹线位置要求进行固定。

4）隐蔽验收后安装木饰面板。

5）安装木饰面板：在木龙骨面上刷一层乳胶，把 18mm 厚细木工板固定在木龙骨上钉牢，要求布钉均匀。

粘贴时，应使饰面板的拼缝间距尽量小。粘贴对拼时，用刷子将胶液均匀地刷涂在饰面板背面和基层被粘面处；粘贴后用干净的布将挤出胶液擦去，并用手在饰面板面上按压，使饰面板紧紧地粘贴在木基层上。

在一个装饰面上，如需整面平贴大面积的饰面板，要尽量减少装饰上对口。在贴前要测量饰面板的尺寸，并根据饰面板的原尺寸，安排装饰面上的对口，以对口最少为目的。如装饰面的高度或宽度大于装饰板的原整板高度或宽度，需要对口拼缝时，应将对口拼缝安排在不显眼处，原则是将对口拼缝处安排在 0.5m 以下或 2.0m 以上的部位。所有木基层均需涂刷 2 层防火涂料。

6）收口线条的处理：将预先选好的收口线条采取胶结固定在相应位置。

（2）质量要求

1）镶贴木饰面板的基层的强度、刚度、表面垂直度、平整度应符合规范要求。

2）接缝处理和细部构造处理合理、可靠，符合设计要求，满足使用功能。

3）木饰面板表面平整、洁净、颜色协调一致。

4）木饰面板接缝填嵌密实，平直、宽窄一致，颜色一致，阴阳角处的板压向正确。

4.3.7 木花格墙面施工技术

4.3.7.1 材料规格及性能

木花格通常用实木制作，在材料选用时应注意以下几点：

（1）木质花格宜选用硬木或杉木制作，选用的硬木或杉木要求节疤少，无虫蛀、无腐蚀现象，并且应干燥（含水率<12%）。

（2）由于木质花格除了榫接方式制作外，还可使用钢板、钢钉、螺栓、胶粘剂等材料，因此设计与施工要认真选用各种金属连结件、紧固件。

4.3.7.2 施工要点

（1）操作程序

锚固准备→车间预制拼装→现场安装→打磨涂饰。

（2）操作要点

1）锚固准备：结构施工时，根据设计要求在墙、柱、梁或窗洞等部位准确埋置防腐木砖或准确设置金属埋件。

2）车间预制、拼装

① 制作程序

实木做花格程序：下料→刨面、起线→画线、开榫→连接拼装（装花饰）→打磨。

② 制作要点（用实木制作）

a. 配料：按设计要求选择木材。先配长料，后配短料；先配框料，后配花格料；先配大面积板材，后配小块板材。

b. 下料：毛料断面尺寸应大于净料尺寸 3～5mm，长度按设计尺寸放长30～50mm 锯成段备用。

c. 刨面、起线：用刨将毛料刨平、刨光，并用专用刨刨出装饰线。刨料时，不论用手工制作还是用机械刨均应顺木纹刨削，这样刨出的刨面才光滑。刨削时先刨大面，后刨小面。刨好的料，其断面形状、尺寸都应符合设计净尺寸要求。

d. 画线开榫：榫结合的形式很多，如双肩斜角明榫、单肩斜角开口不贯通双榫、贯通榫、夹角插肩榫等。画线时首先检查加工件的规格、数量，并根据各工件的颜色、纹理、节疤等因素确定其内外面，并做好记号。然后画基准线，根据基准线，用尺度量画出所需的总长或榫肩线，再以总长线或榫肩线完成其他所对应的榫眼线。画好一面后，用直角尺把线引向侧面。画线后应将空格相等的料颠倒并列进行校正，检查线条和空格是否准确，如有差别立即纠正。

开榫时先锯榫头，后锯榫眼。凿榫眼时，应将工作面的榫眼两端处保留画出的线条，在背面可凿去线条，但不可使榫眼口偏离线条。榫眼内部应力求平整一致，榫眼的长度要比榫头短 1mm 左右，榫头插入榫眼时木纤维受力压缩后，将榫头挤压紧固。榫头、榫眼配合不能太紧，也不能松动，只能让顺木纹挤压一些，而不能让横木纹过紧，如榫眼的横木纹横向挤压力过大会使榫眼裂缝，影响质量。

③ 拼装：将制作好的木花格的各个部件按图拼装好备用。为确保工程质量和工期，木花格应尽可能提高预制装配程度，减少现场制作工序。

④ 打磨：拼装好的木花格应用细砂纸打磨一遍，使其表面光滑，并刷一遍底油（干性油），防止受潮变形。

（3）木花格安装

配制好的木花格，可以直接安装到已做成的洞口。其安装方法同普通木格安装方法。

需要注意的是：安装木花格若采用金属连接件，金属连接件表面应刷 3 遍防锈漆；否则应采用镀锌金属连接件或不锈钢连接件；要求螺钉、铁件等金属紧固件不得外露。

4.3.7.3 质量要求

（1）所选用的材料应符合设计要求的品种，含水率不应大于 12%，如果所用木料有允许限值以内的死疖及直径较大的虫眼等缺陷时应用同一树种的木塞加胶进行填补；对于清漆木花格，用的木塞应注意选择色泽和木纹，力求一致。

（2）刨面应光滑、平直，不得有刨痕、毛刺和锤印。

（3）割角应准确平整、接头及对缝应严密。

（4）各种木线应平整地固定在木结构上，其接头和阴阳角应衔接紧密，接口上下平齐。

（5）实木花格制成后，应立即刷一遍底油，防止受潮变形。

（6）木花格制成后，其与砖石砌体、混凝土或抹灰层接触处均应进行防腐处理。

（7）活动的木花格安装小五金应符合下列规定：

1）小五金应安装齐全，位置适宜，固定可靠。

2）合页距花格上下端宜取立梃高度的 1/10，并避开上下冒头。安装后应开启灵活。

3）小五金均应用木螺钉固定，不得用钉子代替。木螺钉应先打入 1/3 深度后，再全部拧入，严禁打入全部螺钉。对于硬木，应先钻 2/3 深的孔，孔径为木螺钉的 90％，然后再拧入木螺钉。

4.3.7.4　木花格质量通病及防治措施

（1）质量通病：外框变形

1）原因分析

① 木材含水率超过规定。

② 选材不适当。

③ 堆放不平。

2）防治措施

① 按规定含水率干燥木材。

② 选用优质木材加工。

③ 堆放时，底面应支撑在一个平面内，上盖油布防止日晒、雨淋。

④ 对变形严重者应予矫正。

（2）质量通病：外框对角线不相等

1）原因分析

① 榫头加工不方正。

② 拼装时未校正垂直。

③ 搬运过程中碰撞变形。

2）防治措施

① 加工、打眼要方正。

② 拼装时应校正垂直。

③ 搬运时留心保护。

（3）质量通病：木材表面有明显刨痕、粗糙

原因分析：木材加工参数（如进行速度、转速、刀轴半径等）选用不当。

防治措施：调整加工参数，必要时可改用手工工具精刨一次。

（4）质量通病：花格中的垂直立梃变形弯曲

1）原因分析

① 选用木材不当。

② 保管不善、日晒雨淋。

③ 未认真检查杆件垂直度。

2）防治措施

① 选用优质木材。

② 爱护半成品，码放整齐通风。

③ 安装时应在两个方向同时检查。

（5）质量通病：杆件安装位置偏差大

1）原因分析

① 加工安装粗糙。

② 原有框架尺寸不准或整体外框变形。

2）防治措施

① 认真加工，量准尺寸。

② 花格外框尺寸过大或小于建筑洞口尺寸时需加以修复。

（6）质量通病：花格尺寸与建筑物洞口缝隙过大或过小

1）原因分析

① 框的边梃四周缝很宽，填塞砂浆脱落。

② 抹灰后，框边梃外露很少。

2）防治措施

① 事先检查洞口与外框口尺寸误差情况，予以调整。

② 将误差分散处理掉，不要集中一处。

4.3.8 木作软包墙面施工技术

4.3.8.1 施工准备

（1）技术准备

熟悉施工图纸，依据技术交底和安全交底做好施工准备。

（2）材料要求

1）软包墙面木框、龙骨、底板等木材的树种、规格、等级、含水率和防腐处理必须符合设计图纸要求。

2）软包面料及内衬材料及边框的材质、颜色、图案、燃烧性能等级符合设计要求及国家现行标准的有关规定，具有防火检测报告。普通布料须进行2次防火处理，并检测合格。

3）龙骨用白松烘干料，含水率不得大于12%，厚度应根据设计要求，不得有腐朽、节疤、劈裂、扭曲等，并预先经防腐处理。龙骨、衬板、边框应安装牢固，无翘曲，拼缝应平直。

4）外饰面用的压条分格框料和木贴脸等面料，一般应采用工厂烘干加工的半成品料，含水率不大于12%。选用优质五夹板，如基层情况特殊或有特殊要求者，亦可选用九夹板。

5）不同部位采用不同胶粘剂。

（3）主要施工工具

电焊机、电动机、手枪钻、冲击钻、专用夹具、刮刀、钢板尺、裁刀、刮板、毛刷、排笔、长卷尺、锤子等。

（4）作业条件

混凝土和墙面抹灰完成，基层已按设计要求埋入木砖或木筋，水泥砂浆找平层已抹完刷冷底子油。

水电及设备，顶墙上预留预埋件已完成。

房间的吊顶分项工程基本完成，并符合设计要求。

房间地面分项工程基本完成，并符合设计要求。

对施工人员进行技术交底时，应强调技术措施和质量要求。

调整基层并进行检查，要求基层平整，牢固，垂直度、平整度均符合细木制作验收规范。

4.3.8.2 施工工艺

（1）工艺流程

地面和顶棚已基本完成，墙面和细木装修底板做完，开始做面层装修时插入软包墙面镶贴装饰和安装工程。

基层处理→吊直、套方、找规矩、弹线→计算用料、裁面料→粘贴面料→安装贴脸、刷镶边油漆→修整软包墙面。

（2）操作工艺

1）基层处理：在结构墙上预埋木砖抹水泥砂浆找平层。如果是直接铺贴，应先将底板拼缝用油腻子嵌平密实，满刮腻子1～2遍；待腻子干燥后，用砂纸磨平，粘贴前基层表面满刷清油一道。

2）吊直、套方、找规矩、弹线：根据设计图纸要求，把该房间需要软包墙面的装饰尺寸、造型等，通过吊直、套方、找规矩、弹线等工序落实到墙面上。

3）计算用料：套裁填充料和面料，根据设计图纸的要求，确定软包墙面的具体方法。

4）粘贴面料：采取直接铺贴法施工时，应待墙面细木装修基本完成时，边框油漆达到交活条件，方可粘贴面料。

5）安装贴脸或装饰边线：根据设计选定和加工好的贴脸或装饰边线，按设计要求把油漆刷好，进行装饰板安装工作。先经过试拼，达到设计要求的效果后，便可与基层固定和安装贴脸或装饰边线，最后涂刷镶边油漆成活。

6）修整软包墙面：除尘清理，粘贴保护膜和处理胶痕。

（3）施工工艺

将装饰布与夹板按设计要求分格，然后一并固定于木筋上。安装时，以五夹板压住软包布面层，压入 20～30mm，用圆钉钉于木筋上，然后将软包布与木夹板之间填入衬垫材料进而固定。须注意的操作要点是：首先必须保证五夹板的接缝位于墙筋中线；其次，五夹板的另一端不压软包材料而是直接钉于木筋上；最后是软包布剪裁时必须按装饰分格留好尺寸，并足以在下一个墙筋上剩余 20～30mm 的料头。如此，第二块五夹板又可包覆第二片软包面压于其上进而固定，照此类推完成整个软包面。

4.3.8.3 质量要求

（1）主控项目

1）软包的面料、内衬材料及边框的材质、颜色、图案、燃烧性能等级和木材的含水率应符合设计要求及国家现行标准的有关规定。

2）软包工程的安装位置及构造做法应符合设计要求。

3）软包工程的龙骨、衬板、边框应安装牢固，无翘曲，拼缝应平直。

4）单块软包面料不应有接缝，四周应绷压严密。

（2）一般项目

1）软包工程表面应平整、洁净，无凸凹不平及褶皱；图案应清晰、无色差，整体应协调美观。

2）软包边框应平整、顺直、接缝吻合。其表面涂饰质量应符合规范涂饰的相关规定。软包工程安装的检查项目应符合表 4-10 的规定。

软包工程安装的检查项目 　　　　　　　　　　　　表 4-10

项次	项目	涂饰	检验方法
1	颜色	均匀一致	观察
2	木纹	棕眼刮平、木纹清楚	观察
3	光泽光滑	光泽均匀一致、光滑	观察、手摸检查
4	刷纹	无刷纹	观察
5	裹棱、流坠、皱皮	不允许	观察

3）软包工程安装的允许偏差应符合表 4-11 的规定。

软包工程安装的允许偏差   表 4-11

项次	项目	允许偏差（mm）	检验方法
1	垂直度	3	用1m垂直检测尺检查
2	边框宽度、高度	0，-2	用钢尺检查
3	对角线长度	3	用钢尺检查
4	截口、线条接缝高低差	1	用直尺和塞尺检查

4.3.8.4 成品保护

（1）施工过程中对已完成的其他成品注意保护，避免损坏。

（2）施工结束后将面层清理干净，现场垃圾清理完毕，洒水清扫或用吸尘器清理干净，避免扬起灰尘，造成软包二次污染。

（3）软包相邻部位需做油漆或其他喷涂时，应用纸胶带或废报纸进行遮盖，避免污染。

4.3.8.5 安全措施

（1）对软包面料及填塞料的阻燃性能严格把关，达不到防火要求，不予使用。

（2）软包布附近避免使用碘钨灯或其他高温照明设备，不得动用明火，避免损坏。

4.3.8.6 施工注意事项

（1）切割填塞料"海绵"时，为避免"海绵"边缘出现锯齿形，可用较大铲刀沿"海绵"边缘切下，以保证整齐。

（2）在粘结填塞料"海绵"时，避免用含腐蚀成分的胶粘剂，以免腐蚀"海绵"，造成"海绵"厚度减少，底部发硬，以至软包不饱满。

（3）面料裁割及粘结时，应注意花纹走向，避免花纹错乱影响美观。

（4）软包制作好后用胶粘剂或直钉将软包固定在墙面上，水平度、垂直度达到规范要求，阴阳角应进行对角。

4.3.8.7　木作软包墙环境因素（表 4-12）

木作软包墙环境因素

表 4-12

序号	环境因素	排放去向	环境影响
1	水、电的消耗	周围空间	资源消耗污染土地
2	电锯切割机等产生的噪声排放	周围空间	影响人体健康
3	锯末粉尘的排放	周围空间	污染大气
4	甲醛等有害气体的排放	大气	污染大气
5	油漆刷、胶、涂料等的气体排放	大气	污染大气
6	油漆刷涂料滚筒的废弃	垃圾场	污染土地
7	油漆桶涂料桶的废弃	垃圾场	污染土地
8	油漆刷、胶、涂料等的气体排放	土地	污染土地
9	油漆刷、胶、涂料等的运送遗撒	土地	污染土地
10	防火、防腐涂料的废弃	周围空间	污染土地
11	废夹板等施工垃圾的排放	垃圾场	污染土地
12	木制作、加工现场火灾的发生	大气	污染土地、影响安全

4.3.9　壁纸墙面施工技术

4.3.9.1　施工准备

（1）材料准备

1）壁纸的品种、花色、色泽在采购前由业主确定，并以样板确定下来；购进壁纸应检查每卷壁纸的色泽是否一致，因不同批次的产品，往往有色差。

2）准备好施工所需的腻子及胶粘剂，结合基层及壁纸的具体情况选定。

（2）机具准备

1）活动裁纸刀，用来裁厚度不同的纸。

2）裁纸案台（长×宽＝2m×1m 左右，案台高 70cm）、浸水盆。

3）不锈钢直尺，长度 1500mm。剪刀、钢板刮板、羊毛辊，以及注射器、粉线包、干净毛巾、排笔、板刷、胶用和盛水用塑料桶。

（3）贴壁纸的工艺流程

清基层扫→补找腻子、磨砂纸→满刮腻子磨平→基层涂刷胶粘剂→壁纸浸水→壁纸涂刷胶水→裱糊→清理。

4.3.9.2 施工方法

（1）涂刷防潮层和底胶。为了防止壁纸因受潮脱落，应刷一层防潮涂料。防潮底漆用酚醛清漆与汽油或松节油来调配，其配比为清漆∶汽油（松节油）＝1∶3。底漆应均匀，不宜厚。

防潮层施工完后再刷一道底胶，底胶一遍成活，但不得漏刷。

（2）弹线

在底胶干燥后弹画出水平、垂直线，作为操作时的依据，以保证壁纸裱糊后，横平竖直、图案端正。

1）弹垂直线：有门窗的房间以立边分画为宜。对于无门窗口的墙面，可挑一个近窗台的角落，在距壁纸幅宽短 5cm 处弹垂直线，如果壁纸有花纹，在裱糊时要考虑拼贴对花，使其对称。如果窗口在墙面中间，宜在窗口弹出中心控制线，再往两边分线；如果窗口不在墙面中间，为保证窗间墙的阳角处对称，宜在窗间墙弹中心线，由中心线向两侧再分格弹垂直线。所弹垂直线应越细越好。办法是在墙上部钉小钉，挂铅垂直线，确定垂直线的位置后，再用粉线包弹出基准垂直线。每个墙面的第一条垂直线，应该定在距墙角距离小于壁纸幅宽 50～80mm 处。

2）水平线：壁纸的上面应以挂镜线为准，无挂镜线时，应弹水平线控制水平。

（3）测量与裁纸

量出墙顶（或挂镜线）到墙脚（踢脚线上口）的高度，考虑修剪的量，两端各留出 30～50mm，然后剪出第一段壁纸。有图案的材料，特别是主题图形较大的，应将图形自墙上的上部开始对花；然后由专人负责，统筹规划小心裁割出来，并编上号，以便按顺序粘贴。裁好的壁纸要卷起平放，不得立放。

注意：裁纸下刀前应复核尺寸有无出入，确认以后，尺子压紧壁纸后不得再移动，刀刃紧贴尺边，一气呵成，中途不得停顿或变换持刀角度。

（4）润纸

是否润纸需视选料情况确定，以下是几种壁纸的润纸方法：

塑料壁纸遇水或胶水，开始自由膨胀，5～10min 胀足，干后会自行收缩。自由胀缩的壁纸，其幅宽方向的膨胀为 0.5%～1.2%，收缩率为 0.2%～6.8%。刷胶前必须先将壁纸在水槽中浸泡 2～3min 取出后抖掉余水，静置 20min，若有明水用毛巾擦掉，然后才能涂胶。还可以用排笔在纸背刷水，刷满、均匀，保持 10min 也可达到使其膨胀充分的目的。如果干纸涂胶，或未能让纸充分胀开就涂胶，壁纸上墙后，纸虽被固定，但会继续吸湿膨胀，这样贴上墙的壁纸会出现大量的气泡、褶皱（或边贴边胀产生褶皱），不能成活。

对于待裱贴的壁纸，若不了解其遇水膨胀的情况，可取其一小条试贴，隔日观察接缝效果及纵向、横向收缩情况，然后大面积粘贴。

（5）涂刷胶粘剂

墙面刷胶或滚涂胶粘剂，同刷涂、滚涂涂料一样，要薄而匀，不得漏刷。阴角处应增刷 1～2 遍胶。

纸背刷胶要均匀，不裹边、不起堆，以防溢出，弄脏壁纸。

（6）裱糊

1）裱糊壁纸时，首先要垂直，后对花纹拼缝，再用刮板用力抹压平整。原则是先垂直面后水平面，先细部后大面。贴垂直面时先上后下，贴水平面时，先高后低。从墙面所弹垂直线开始至阴角处收口。

2）第一张壁纸裱糊。刷胶后的壁纸对折后将其上半截的边缘靠着垂线成一直线，轻轻压平，并由中间向外用刷子将上半截纸抚平，下半截纸方法同上。拼缝裱贴壁纸的方法也是如此。整个墙面的壁纸裱糊后要用壁纸刀将多余部分裁割，并压好边。

3）拼缝。一般 50cm 左右幅宽的壁纸，其图案一直到纸边缘，未再留纸边，因此裱贴时采用拼缝贴法。拼贴时先对图案，后拼缝。从上至下图案吻合后，再用刮板斜向刮胶，将拼缝处赶密实，并揩干净赶出缝的胶液，用湿毛巾擦干净。一般无花纹的壁纸可重叠 20mm，并用钢直尺压在重叠处中间，用壁

纸刀自上而下沿钢尺将重叠壁纸切开,将切下的余纸清除,然后将两张壁纸沿刀口拼缝贴牢。这种拼缝做法需注意:

① 用刀要匀,既要一刀切割 2 层纸,不要留下毛茬、丝头,又不要用力过猛切破基层,使裱糊后出现刀痕。

② 对于有花纹的壁纸,应将 2 幅壁纸花纹重叠,对好花,用钢尺在重叠处拍实,从壁纸搭边中间用壁纸刀沿钢尺自上而下切割。除去切下的余纸后,用刮板刮平。

③ 阴阳角处理。阴阳角不可拼缝,应搭接。壁纸绕过墙角的宽度不大于 12mm。阴角壁纸搭缝应先裱压在里面转角的壁纸,再贴非转角的壁纸。搭接面应根据阴角垂直度而定,一般搭接宽度不小于 2mm,并且要保持垂直无毛边。

(7) 空鼓、气泡的处理。发现空鼓可用壁纸刀切开,补涂胶液重新压实贴牢,小的气泡可用注射器对其进行放气,然后注入胶液,重新粘牢修理后的壁纸面均须随手将溢出表面的余胶用洁净湿毛巾擦干净。

4.3.9.3 质量要求

(1) 裱糊工程质量保证项目

1) 面层材料和辅助材料的品种、级别、性能、规格、花色应符合设计、产品技术标准与现行施工验收规范的要求。

2) 基层必须保证平整度与垂直度;阴阳角的垂直与方正达到高级抹灰的标准,抹灰基层含水率不大于 8%,木基层含水率不大于 12%。

3) 基层应干净无污染,满批腻子,表层坚实牢固,无粉化、起皮和裂缝,无飞刺、麻坑和凹凸缺陷。

4) 基层色泽一致。当使用遮盖力不强的壁纸时,基层应为白色。

5) 面层的裱贴与基层处理程序和要求应符合现行施工技术标准的规定,裱贴必须牢固,无空鼓、翘边、褶皱等缺陷。

(2) 裱糊工程质量基本项目

1) 裱糊表面色泽一致,无斑污、无胶痕。

2）条幅拼接横平竖直，图案端正，拼缝处图案、花纹吻合，距墙 1.5m 处正视，不显拼缝。阴角处搭接顺光，阳角处无接缝。

3）裱糊与挂镜线、贴脸板、踢脚板、电气槽盒等交接紧密，无缝隙，无漏贴和补贴，不糊盖需拆卸的活动件。

4.3.9.4 裱糊工程质量通病及防治措施

（1）基层处理不当

1）质量通病：腻子翻皮

防治措施：

① 调制腻子时加适量胶液，稠度合适。

② 清除基层表面灰尘、隔离剂、油污等。

③ 在光滑基层上或清除污物后，应涂刷一层白乳胶，再刮腻子。

④ 每遍腻子不宜过厚。

⑤ 翻皮腻子应铲除干净，找出原因后，采取相应措施重新刮腻子。

2）质量通病：腻子裂纹

防治措施：

① 腻子稠度适中，胶液可略多些。

② 对孔洞凹陷处应特别注意清除灰尘、浮土等，并涂一遍胶粘剂，当孔洞较大时，腻子胶性要略大些，并分层进行，反复刮抹平整、坚实。

③ 对裂纹大且已脱离基层的腻子，要铲除干净，处理后重新刮一遍腻子，孔洞处的腻子须挖出，处理后再分层刮平整。

3）质量通病：表面粗糙，有疙瘩。

防治措施：

① 清除基层污物，特别是混凝土流附灰浆、接槎棱印，需用铁铲或砂轮磨光。腻子疤等凸起部分用砂纸打磨平整。

② 打磨平整。

③ 使用材料、工具、操作现场等应保持洁净，防止污物混入腻子或胶粘剂中。

④ 对表面粗糙的基层，用细砂纸打磨光滑或用铲刀铲扫平整，并上底油。

4）质量通病：透底、咬色

防治措施：

① 清除基层油污。表面太光滑时，先喷一遍清胶液，表面颜色太深时，可先涂刷一遍浆液。

② 如基层颜色较深，应用细砂纸打磨或刷水漆底色，再刮腻子刷底油。

③ 挖掉基层裸露铁件，否则须刷防锈漆和白厚漆覆盖。

④ 对有透底或咬色弊病的粉饰，要进行局部修补，再喷 1～2 遍面浆覆盖。

（2）裱糊表面质量通病

1）质量通病：死褶

防治措施：

① 选择材质优良的壁纸。

② 裱贴时，用手将壁纸舒平后，才可用刮板均匀赶压，特别是出现褶皱时，必须轻轻揭起壁纸慢慢推平，待无褶皱时再赶压平整。

③ 发现有死褶，若壁纸未完全干燥可揭起重新裱贴，若已干结则撕下壁纸，基层处理后重裱。

2）质量通病：翘边

防治措施：

① 基层灰尘、油污等必须清除干净，控制含水率，若表面凹凸不平时，须用腻子刮抹。

② 不同的壁纸选择相适宜的胶粘剂。

③ 阴角搭缝时，先裱贴压在里面的壁纸，再用黏性较大的胶粘剂粘贴面层，搭接宽度应小于或等于 3mm；纸边搭在阴角处，并保持垂直无毛边；严禁在阳角处甩缝；壁纸应裹过阳角大于或等于 2cm；包角须用黏性强的胶粘剂，并压实，不得有气泡。

将翘边翻起，检查产生原因，因基层有污物的，待清理后，补刷胶粘剂粘牢；因胶黏性小的，则换较强黏性的胶；如翘边已坚硬，应加压，待粘牢平整后才能去掉压力或撕掉重裱。

3）质量通病：壁纸脱落

防治措施：

① 将室内易积灰部位，如窗台水平部分，用湿毛巾擦拭干净。

② 不使用变质胶粘剂；胶粘剂应在规定时间内用完，否则重新配制。

4）质量通病：表面空鼓（气泡）

防治措施：

① 基层须严格按要求处理，石膏板基层的起泡、脱落须铲除干净，重新修补好。

② 裱贴时严格按工艺操作，须用刮板由里向外刮抹，将气泡和多余胶液赶出。

胶粘剂涂刷须厚薄均匀，避免漏刷，为了防止不均，涂刷后可用刮板刮一遍，去除多余胶液。

由于基层含水率过高或空气造成的空鼓，应用刀子割开壁纸，放出潮气或空气，或者用注射器将空气抽出，再注射胶液贴平压实；壁纸内含有多余胶液时也可用注射器吸出胶液后再压实。

5）质量通病：颜色不一致

防治措施：

① 选用不易褪色且较厚的优质壁纸。若色泽不一致，须裁掉褪色的部分，基层颜色较深时应选用颜色深、花饰大的壁纸。

② 基层含水率小于8%才能裱糊，并避免在阳光直射下或在有害气体环境中裱糊。

③ 有对称花纹或无规则花纹壁纸有色差时，可用调头粘贴法。

④ 颜色严重不一致的饰面，须撕掉重新裱贴。

6）质量通病：壁纸爆花

防治措施：

① 检查抹灰基层有无爆花现象。

② 基层若有爆花必须逐片处理后方可裱糊。

（3）各幅拼接不当

质量通病：壁纸离缝或亏纸

防治措施：

① 壁纸裁前应复核墙面实际尺寸，裁切时要用力均匀，一气呵成，不得中间停顿或变换持刀角度；壁纸尺寸可比实际尺寸略长 1～3cm，裱贴后上下口压尺分别裁割多余的壁纸。

② 在赶压胶液时，由拼缝处横向往外赶压，不得斜向或由两侧向中间赶压。

③ 对于离缝或亏纸轻微的壁纸，可用同色的乳胶漆点描在缝隙内；对于较严重的部位，可用相同的壁纸补贴或撕掉重贴。

（4）裱糊表面弊病

1）质量通病：裱贴不垂直

防治措施：

① 裱贴前，对每一墙面应先弹一垂直线，裱贴第一张壁纸须紧贴垂直线边缘，检查垂直无偏差方可裱贴第二张；裱贴 2～3 张后用吊锤在接缝处检查垂直度，及时纠偏。

② 采用接缝法裱贴花饰壁纸时，先检查壁纸的花饰与纸边是否平行，如不平行应裁割后方可裱贴。

③ 基层阴阳角须垂直、平整，无凹凸，若不符合要求，须修整后才能裱贴。

④ 发现不垂直的壁纸应撕掉，基层处理后重新裱贴。

2）质量通病：表面不平整

防治措施：

① 抹灰基层，必须验收合格。

② 不合格的基层，不得裱糊。

3）质量通病：表面不干净

防治措施：

① 擦拭多余胶液时，应用干净毛巾，随擦随时用清水洗干净，操作者应人手一条毛巾。

② 保持操作者的手、工具及环境的干净，若手沾有胶液，应及时用毛巾擦净。

③ 对于接缝处的胶痕应用清洁剂反复擦净。

4.3.10 乳胶漆墙面施工技术

4.3.10.1 工艺流程

基层处理→满刮腻子两遍→底层涂料→中层涂料两遍→乳胶漆面层喷涂→清扫。

4.3.10.2 操作工艺

（1）基层处理

先将装修表面上的灰块、浮渣等杂物用开刀铲除，如表面有油污，应用清洗剂和清水洗净，干燥后再用棕刷将表面灰尘清扫干净；表面清扫后，用水与界面剂（配合比为10：1）的稀释液滚刷一遍，再用底层石膏或嵌缝石膏将底层不平处填补好，石膏干透后局部需贴牛皮纸或专用墙布进行防裂处理，干透后进行下一步施工。

（2）满刮两遍腻子

第一遍应用胶皮刮板满刮，要求横向刮抹平整、均匀、光滑、密实，以线脚及边棱整齐为度。尽量刮薄，不得漏刮，接头不得留槎，注意不要沾污门窗框及其他部位，否则应及时清理。待第一遍腻子干透后，用粗砂纸打磨平整。注意操作要平衡，保护棱角，磨后用棕扫帚清扫干净。

第二遍满刮腻子方法同第一遍，但刮抹方向与第一遍腻子相垂直。然后：用粗砂纸打磨平整，否则必须进行第三遍、第四遍，用300W太阳灯侧照墙面或顶棚面用粗砂纸打磨平整；最后，用细砂纸打磨平整、光滑。

（3）底层涂料

施工应在干燥、清洁、牢固的基层表面上进行，喷涂一遍，涂层应均匀，不得漏涂。

（4）中层涂料施工

涂刷第一遍中层涂料前如发现有不平整之处，应用腻子补平磨光。涂料在使用前应用手提电动搅拌枪充分搅拌均匀。如稠度较大，可适当加清水稀释，但每次加水量需一致，不得稀稠不一。然后将涂料倒入托盘，用涂料滚子涂刷第一遍。滚子应横向涂刷，然后再纵向滚压，将涂料赶开，涂平。滚涂顺序一般为从上到下，从左到右，先远后近，先边角棱角，先小面后大面。要求厚薄均匀，防止涂料过多流坠。滚子涂不到的阴角处，须用毛刷补充，不得漏涂。要随时剔除沾在墙上的滚子毛。一面墙要一气呵成。避免接槎刷迹重叠现象，沾污到其他部位的涂料要及时用清水擦净。第一遍中层涂料施工后，一般需干燥4h以上，才能进行下道磨光工序。如遇天气潮湿，应适当延长间隔时间。然后，用细砂纸进行打磨，打磨时用力要轻而匀，并不得磨穿涂层，最后将表面清扫干净。第二遍中层涂刷与第一遍相同，但不再磨光。涂刷后，应达到一般乳胶漆高级刷浆的要求（如果前面腻子和涂料底层处理得好可以不进行本层的深刷）。

（5）乳胶漆面层喷涂

由于基层材质、龄期、碱性、干燥程度不同，应预先在局部墙面上进行试喷，以确定基层与涂料的相容情况，并同时确定合适的涂布量；乳胶漆涂料在使用前要充分摇动容器，使其充分混合均匀，然后打开容器，用木棍充分搅拌；喷涂时，喷嘴应始终保持与装饰表面垂直（尤其在阴角处），距离约为0.3~0.5m（根据装修面大小调整），喷枪喷嘴压力为0.2~0.3MPa呈Z形向前推进，横纵交叉进行。喷枪移动要平衡，涂布量要一致，不得时停时移，跳跃前进，以免发生堆料、流挂或漏喷现象；为提高喷涂效率和质量，喷涂顺序应为：墙面部位→柱部位→顶面部位→门窗部位，该顺序应灵活掌握，以不重复遮挡和不影响已完成的饰面为准。

（6）清扫

清除遮挡物，清扫飞溅物料。

4.3.10.3 注意要点

（1）涂料施工前将相邻油漆、玻璃隔断及外墙玻璃门窗框等保护遮挡好。

（2）涂料墙体未干前不得清刷地面，以免粉尘沾污墙面。

（3）同一房间的墙面应使用相同的材料，并且批号相同。

（4）与其他做法交接处清晰、无相互污染。

4.3.10.4 材料要点

（1）涂料的存放要防止灰尘、有色液体的污染。

（2）当日未用完的涂料要完好封存，防止风干。

4.3.11 玻璃隔墙墙面施工技术

4.3.11.1 材料要求

（1）玻璃隔墙工程所用玻璃的品种、规格、性能、图案和颜色应符合设计要求。玻璃隔墙应使用安全玻璃。

（2）玻璃隔墙使用的铝合金框、不锈钢板、型钢（角钢、槽钢等）及轻型薄壁槽钢、支撑吊架等金属材料和配套材料，应符合设计要求和有关标准的规定。

（3）使用的膨胀螺栓、玻璃支撑垫块、橡胶配件、金属配件、结构密封胶等其他材料，应符合设计要求及有关标准的规定。

4.3.11.2 主要机具

主要机具包括：电焊机、冲击电钻、电钻、切割机、线锯、玻璃吸盘、小钢锯、直尺、水平尺、卷尺、手锤、扳手、螺丝刀、靠尺、注胶枪、玻璃吸盘机等。

4.3.11.3 作业条件

（1）主体结构工程已完成，并验收合格。

（2）安装用基准线和基准点已测试完毕。

（3）预埋件、连接件或镶嵌玻璃的金属槽口完成并经过检查符合要求。

（4）玻璃镶嵌槽口清理干净并排水通畅。

（5）安装需要的脚手架或相应的装置设施已达到要求。

（6）所需材料和装配设备已齐备。

（7）安装前制定相应的安装措施并经专业人员认可。安装大片玻璃时，必须由专业人员指导。

（8）施工时温度不低于5℃。

4.3.11.4 操作工艺

（1）工艺流程

弹线定位→框料下料、组装→固定框架、安装固定玻璃的型钢边框→安装玻璃→嵌缝打胶→边框装饰→清洁。

（2）操作工艺

1）弹线定位：先弹出地面的位置线，再用垂直线法弹出墙、柱的位置线，高度线和沿顶位置线；有框玻璃隔墙标出竖框间隔位置和固定点位置；无竖框玻璃隔墙应核对已做好的预埋铁件位置是否正确或标出金属膨胀螺栓位置。

2）框料下料、组装

① 下料：有框玻璃隔墙型材画线下料时先复核现场实际尺寸，实际尺寸与施工图尺寸误差大于5mm时，应按照实际尺寸下料。

如果有水平横挡，则应以竖框的一个端头为准，画出横挡位置线，包括连接部位的宽度，以保证连接件安装位置准确和横挡在同一水平线上。下料应使用专用工具（型材切割机），保证切口光滑、整齐。

② 组装：组装铝合金玻璃隔墙的框架有两种方式。隔墙面积较小时，先在平坦的地面预制组装成形，再整体安装固定；隔墙面积较大时，则直接将隔墙的沿地、沿顶型材，靠墙及中间位置的竖向型材按画线位置固定在墙、地、顶上。用后一种方法，通常是从隔墙框架的一端开始，先将靠墙的竖向型材与铝角固定，再将横向型材通过铝角件与竖向型材连接。铝角件安装方法是：先

在铝角件上打出 ϕ3mm 或 ϕ4mm 的两个孔,孔中心距铝角件端头 10mm,然后用一小截型材(截面形状及尺寸与竖向型材相同)放在竖向型材画线位置,然后将已钻孔的铝角件放入这一小截型材内,把握住小截型材,位置不得丝毫移动,再用手电钻按铝角件上的孔位在竖向型材上打出相同的孔,并用 M4 或 M5 自攻螺钉将铝角件固定在竖向型材上。

3)固定框架,安装固定玻璃的型钢边框

① 铝合金框架与墙、地面固定可通过铁角件来完成。首先按隔墙位置线,在墙、地面上设置金属膨胀铆螺栓,同时在竖向、横向型材的相应位置固定铁角件,然后将框架固定在墙上或地上。

② 对于无竖框玻璃隔墙

当结构施工没有预埋铁件,或预埋铁件位置已不符合要求时,应首先设置金属膨胀螺栓,然后将型钢(角钢或薄壁槽钢)按已弹好的位置线安装好,在检查无误后随即与预埋铁件或金属膨胀螺栓焊牢。型钢材料在安装前应刷好防腐涂料,焊好以后应在焊接处再补刷防锈漆。

当较大面积的玻璃隔墙采用吊挂式安装时,应先在建筑结构梁或板下做出吊挂玻璃的支撑架并安好吊挂玻璃的夹具及上框。夹具距玻璃边的距离为玻璃宽度的 1/4(或根据设计要求),其上框位置为吊顶标高。

4)安装玻璃

① 玻璃就位:在边框安装好后,先将其槽口清理干净,槽口内不得有垃圾或积水,并垫好防震橡胶垫块。用 2~3 个玻璃吸盘把玻璃吸牢,由 2~3 人手握吸盘同时抬起玻璃,先将玻璃竖着插入上框槽口内,然后轻轻垂直落下,放入下框槽口内。如果是吊挂式安装,在将玻璃送入上框时,还应将玻璃放入夹具中。

② 调整玻璃位置:先将靠墙(或柱)的玻璃就位,使其插入贴墙(柱)的边框槽口内,然后安装中间部位的玻璃。两块玻璃之间接缝时应留 2~3mm 缝隙或留出与玻璃稳定器(玻璃肋)厚度相同的缝,此缝是为打胶而准备的,因此玻璃下料时应计算留缝宽度。如果采用吊挂式安装,应将吊挂玻璃的夹具

逐块将玻璃夹牢。对于有框玻璃隔墙，用压条或槽口条在玻璃两侧位置夹住玻璃并用自攻螺钉固定在框架上。

5）嵌缝打胶

玻璃全部就位后，校正平整度、垂直度，同时用聚苯乙烯泡沫嵌条嵌入槽口内，使玻璃与金属槽结合紧密，然后打硅酮结构胶。注胶时操作顺序应从缝隙的端头开始，一只手托住注胶枪，另一只手均匀用力握挤，同时顺着缝隙移动的速度也要均匀，将结构胶均匀地注入缝隙中，注满后随即用塑料片在玻璃的两面刮平玻璃胶，并清洁溢到玻璃表面的胶迹。

6）边框装饰

无竖框玻璃隔墙的边框嵌入墙、柱和地面的饰面层中时，只要按相关部位施工方法精细加工墙、柱和地面的饰面即可，在块材镶贴或安装时与玻璃衔接好。如边框不嵌入墙柱或地面，则按设计要求对边框进行装饰。

7）清洁

玻璃板隔墙安装好后，用棉纱和清洁剂清洁玻璃棉的胶迹和污痕。

4.3.11.5 质量标准

（1）主控项目

1）所用材料的品种、规格、性能、图案和颜色应符合设计要求及国家相关规范的规定。应使用安全玻璃。

2）玻璃隔墙的安装方法应符合设计要求。

3）玻璃隔墙的安装必须牢固。玻璃隔墙胶垫的安装应正确。

（2）一般项目

1）玻璃隔墙表面应色泽一致、平整洁净、清晰美观。

2）玻璃隔墙接缝应横平竖直，玻璃无裂痕、缺损和划痕。

3）玻璃隔墙嵌缝应密实平整、均匀顺直、深浅一致。

4）玻璃隔墙安装的允许偏差应符合表4-13的规定。

玻璃隔墙安装的允许偏差   表 4-13

项次	项目	允许偏差（mm）	检验方法
1	立面垂直度	2	用 2m 垂直检测尺检查
2	表面平整度	—	用 2m 靠尺和塞尺检查
3	阴阳角方正	2	用直角检测尺检查
4	接缝直线度	2	拉 5m 线，不足 5m 拉通线用钢直尺检查
5	接缝高低差	1	用钢直尺和塞尺检查
6	接缝宽度	1	用钢直尺检查

4.3.11.6　成品保护

（1）玻璃板隔墙清洁后，用粘贴不干胶纸条等办法做出醒目的标志，防止碰撞。

（2）对边框粘贴不干胶保护膜或用其他相应方法对边框进行保护，防止其他工序对边框造成损坏或污染。

（3）对有人员交通部位的玻璃隔墙，应设硬性围挡，防止人员及物品碰损隔墙。

4.3.11.7　应注意的问题

（1）弹线定位时应检查房间的方正、墙面的垂直度、地面的平整度及标高，考虑墙吊顶、底的饰面做法和厚度，以保证安装玻璃隔断的质量。

（2）框架应与结构连接牢固，四周与墙体接缝用弹性密封材料填充密实，保证不渗漏。

（3）玻璃在安装与搬运的过程中，应避免碰撞，并应有防护装置，竖起玻璃时，避免站在玻璃倒向的下方。

（4）采用吊挂式结构形式时，必须事先反复检查，以确保夹板粘结牢固。

（5）使用手持玻璃吸盘或玻璃吸盘机时，应事先检查吸附重量和吸附时间。

（6）玻璃对接缝处应使用结构胶，并严格按照结构胶生产厂家的规定使用。玻璃周边应采用机械倒角并磨光。

（7）嵌缝橡胶密封条应具有一定的弹性，不可使用再生橡胶制作的密封条。

（8）玻璃应整包装箱运到安装位置，然后开箱，以保证运输安全。

（9）加工玻璃前应计算好玻璃的尺寸，并考虑留缝、安装及加垫等因素对玻璃加工尺寸的影响。

（10）普通玻璃一般情况下可用清水清洗。如有油污情况，可用液体溶剂先将油污洗掉，然后再用清水擦洗。镀膜面可用水清洗，灰污严重时，应先用液体中性洗涤剂（酒精等）将灰污洗落，然后再用清水洗清；此时不能用材质太硬的清洁工具或含磨料微粒及酸性、碱性较强的洗涤剂，在清洗其他饰面时，不得将洗涤剂落到镀膜玻璃表面。

4.3.12 金属板墙面施工技术

4.3.12.1 金属板墙面安装流程

（1）基层龙骨安装工艺流程

各种不同材料墙体的基层龙骨安装工艺流程不同。

1）混凝土墙体

墙面处理→龙骨位置确定及标注→固定点定位→膨胀螺栓打眼→固定转接钢角安装→主钢龙骨安装→主钢龙骨调整超平→板块的定位画线→插接龙骨定位画线→前两根插接龙骨的安装→板块加工成形→板块安装进前两根插接龙骨→后两根插接龙骨安装。

2）陶粒混凝土墙体

主龙骨定位→固定点定位→在固定点处的墙面内预埋钢转接件→主钢龙骨安装→主钢龙骨的调整超平→板块的定位画线→插接龙骨定位画线→前两根插接龙骨的安装→板块加工成形→板块安装进前两根插接龙骨→后两根插接龙骨安装。

3）石膏板墙体

主龙骨位置确定及标注→固定点定位→固定点位置标注→伞形石膏板专用

固定螺栓安装→固定转接钢角安装→主钢龙骨安装→主钢龙骨的调整超平→板块的定位画线→插接龙骨定位画线→前两根插接龙骨的安装→板块加工成形→板块安装进前两根插接龙骨→后两根插接龙骨安装。

（2）金属板加工安装工艺操作流程

加工准备→检查验收金属板→金属板块加工（切割，下料，开槽，冲角）→折边→专用卡槽式铝型材卡接固定→初安装→调整→固定→扣嵌条→撕保护膜→验收。

（3）基本操作说明

由于板块安装在整个墙面安装过程中是最后的成品环节，在施工前要做好充分的准备工作。准备工作包括人员准备、材料准备、施工现场准备。在安排计划时首先根据实际情况及工程进度计划要求排好人员，一般情况下每组安排4～5人。材料工器具准备是要检查施工工作面的金属板块是否到场，是否有没有到场或损坏的金属板块，施工现场准备要在施工段留有足够的场所满足安装需要，同时要对主龙骨框架进行清理并调整主龙骨框架满足安装要求。

4.3.12.2　施工方法

（1）各工序安装方法

1）主龙骨框架安装应注意如下事项：

① 详细对照图纸，分清龙骨的型号，避免错装。

② 立柱端部柱高应测量确定，并按图纸尺寸留伸缩缝。

③ 横梁角码或任何穿过立柱的螺栓、螺钉均应避开立柱下端套入芯套的部分，以确保立柱的伸缩缝变形不受限制。

④ 立柱伸缩缝应留在室内不可见的部位。

⑤ 采用双支座的立柱应详细检查图纸，在滑动支座部位必须使用长圆孔角码，螺栓应在长圆孔的中央部位穿过。

⑥ 双支座的立柱在中间支座处应分别查对计算书及图纸对螺栓个数的要求，以确保中间支座的受力满足要求。

2）立柱上板块螺栓安装

立柱安装后，用软铅笔将板块分格线在立柱上标出，并根据安装工艺图标出螺栓孔的位置，采用辅助钻孔模精确地钻好各螺栓孔。

每块板块竖向边框长度范围内不小于 2 个螺栓，靠近板块水平分格线处的螺栓应位于距板块分格线 200mm 处，中间的螺栓间距按板块竖向边框的结构受力计算确定，并应保证边框在螺栓间距范围内的挠度不超过 1.5mm。

（2）金属板墙面板块安装

1）金属板墙面板块安装前应详细检查构件有无损坏。

2）按板块边框图将每层板块按编号预先摆到对应的位置。

3）按编号顺序逐件安装板块，将板块对齐铝型材卡槽，对好横竖缝后，进行卡接。

4）详细检查板块对缝是否水平，垂直满足要求后再安装下一件板块。

5）为了提高安装效率，安装板块时可由下往上顺序安装。

4.3.12.3 技术措施

（1）全面执行材料、图纸、样板、安装工艺送审和确认制度

确保批量生产时一次成功，彻底避免由于前期各方沟通联络不畅造成信息不明确而导致返工和其他方面的损失。

坚持事先送审及获得各方许可（业主、设计师、监理）后再进行批量采购材料和实质性施工。而在此之前，积极做好前期的图纸设计及送审、材料送样及封样、重要节点构造的实物模型送审及获得许可等工作，以便后续工作的顺利进行。

（2）现有结构的验收在进行任何一项工艺施工之前，对现有土建结构进行工程尺寸复检，确认主体结构满足外墙施工的需要，对现场进一步测量，检查所有相邻结构或本结构的支撑部分，以保证设计、制造和施工可以容纳现有结构的条件。

（3）详细阅读图纸及技术文件

确保安装完善不同金属接触面之间的隔离片，专用卡槽式铝型材系统及与主体结构连接过程中使用多种金属材料，且其表面处理又各不相同，当不同镀

金材料接触时，应特别注意安装时不得遗漏其隔离片。

（4）锚固件安装要确保在允许误差范围内

锚固件是墙面与主体结构连接的节点，是墙面系统安全与否的关键连接件，其锚固件安装必须准确，为此应做到在预埋时将锚固件与主体结构连接牢固。

（5）后置锚固件的保证措施

预埋件及锚固件的设计已考虑容许最大的施工位置偏差，但仍不能排除由于设计变更或有遗漏或错位锚固件。此时，应在设计单位及监理认可的前提下，采用后置锚固件措施，采用补栓方式，必要时可进行试验，以检验其承载力。

（6）固定件防腐蚀

对所有固定件均应采用经审定的方法进行防腐蚀处理，由于不可避免的切割加工造成防腐层被破坏时，应按照批准的程序重新进行防腐处理。

（7）钢材切割

采用自动或半自动工艺切割钢材，手工火焰切割只可用在不能实行机械火焰切割之处。

（8）打磨、磨平

对火焰切割过的所有板边进行打磨，以消除熔渣、鳞皮、不平整，磨平毛刺、光角、毛边。

（9）支承

接触支承的节点必须具有用锯割或其他方法完成的通用平面；支承面必须与构件的主轴成直角；对支承加劲肋进行切割和打磨，确保在接角翼缘的边有一个紧密的支承。

（10）栓接

在设计成铰接头、活动节点处的钢结构采用螺栓连接，螺栓孔洞用钻或铰法成形。每个螺栓装配至少有一个垫圈放置在转动部件之下。带有弹簧垫圈的紧固螺栓，在安装时应使弹簧垫圈完全复平。为避免在振动或循环应力时导致连接所用的螺母焊松动，必须将螺母锁紧。活动连接部位采用椭圆形形孔，以使节点能够自由活动。

4.3.12.4 工程施工质量通病的防治措施

（1）工程施工的质量通病

工程施工现场安装工程中，经常会出现一些施工安装等各方面的质量问题，这些工程施工方面的质量通病大致有如下几项：

1）龙骨的安装加固。

2）连接件的安装加固。

3）板块平整度。

（2）消除质量通病的措施和施工工艺

1）龙骨的安装与质量保证

工程施工安装过程中的龙骨安装，是工程安装施工过程的重要环节，其影响到整个墙面施工的安装质量。由于龙骨的偏差可造成板块无法安装，为了避免龙骨出现较大的误差，要求安装单位的每一个小组都要采取下列措施：采用准确的定位仪器（如激光铅垂仪）对主龙骨进行安装，采用水平仪对横龙骨进行安装，对每个作业小组工作前进行口头和书面的技术交底，安装过程中由专业的质量检查员进行抽检，以保证龙骨安装的质量。

2）连接件的安装加固

工程施工安装过程中的连接件安装，是整个工程施工安装过程中最关键的一个工序，也是整个工程施工安装过程最基本的施工要点。对于在施工安装过程中经常会出现的连接件漏加固的情况，采取的防治方法是：员工分施工小组负责施工段的施工，并要求对每个小组对其负责的施工段的每个施工工序进行自检，使其施工段的连接件安装漏加固情况减至最小，以保证工程的施工质量及安全。

3）板块平整度

主要从把好材料进场关做起。严格验收材料，不合格材料严禁上墙；同时，做好工序完工后的成品保护工作，避免因破坏出现质量问题。

4.3.13　花饰墙面施工技术

4.3.13.1　适用范围

本分项工程适用于混凝土、石材、木材、塑料、金属、玻璃、石膏等花饰制作与安装施工工艺。

编制参考标准如下：

（1）《建筑装饰装修工程质量验收标准》GB 50210—2018

（2）《民用建筑工程室内环境污染控制标准》GB 50325—2020

（3）《木器涂料中有害物质限量》GB 18581—2020

（4）《建筑工程施工质量验收统一标准》GB 50300—2013

4.3.13.2　施工准备

（1）技术准备

施工前应熟悉施工图纸。对于花饰制品宜采用工厂预制，采用成品或半成品，依据施工技术交底和安全交底，做好施工准备。

（2）材料要求

1）规格：水泥砂浆花饰、混凝土花饰、木制花饰、金属花饰、塑料花饰、石膏花饰及其品种、规格、材质、式样等应符合设计要求。

2）胶粘剂、螺栓、螺钉、焊接材料、贴砌的粘贴材料等的品种、规格应符合设计要求和国家现行标准的有关规定。室内用水性胶粘剂中总挥发性有机化合物（TVOC）和苯限量见表 4-14。

室内用水性胶粘剂中总挥发性有机化合物（TVOC）和苯限量　表 4-14

测量项目	限量	测量项目	限量
TVOC(g/L)	≤750	苯（g/kg）	≤1

（3）主要机具

电动机、电焊机、手电钻、冲击电钻、专用夹具、刮刀，此外还包括吊具、大小料桶、刮板、铲刀、油漆刷、水刷子、扳手、橡皮锤、擦布、脚手架（活动）。

（4）作业条件

1）购买、外委托的花饰制品或自行加工的预制花饰应检查验收，其材质、规格、图式应符合设计要求。水泥、石膏预制花饰制品的强度应达到设计要求，并满足硬度、刚度、耐水、抗酸的要求。

2）安装花饰的工程部位，其前道工序项目必须施工完毕，应具备相应的强度的，基层必须达到安装花饰的要求。

3）重型花饰的位置应在结构施工时，事先预埋锚固件，并做抗拉试验。

4）按照设计的花饰品种，安装前应确定好固定方式（如粘贴法、镶贴法、木螺钉固定法、螺栓固定法、焊接固定法等。）

5）正式安装前，应在拼装平台做好安装样板，经有关部门检查鉴定合格后，方可正式安装。

4.3.13.3 施工工艺

（1）工艺流程

制作→基层处理→安装。

（2）操作工艺

1）基层处理。预制花饰安装前应将基层或基体清理干净，处理平整，并检查基底是否符合安装花饰的要求。

2）对重型花饰，在安装前应检查预埋件或木砖的位置和固定情况是否符合设计要求，必要时做抗拉试验。

3）预制花饰分块在正式安装前，应对规格、色调进行检验和挑选；按设计图案在平台上组拼，经检验合格后进行编号，作为正式安装的顺序号。

4）在预制花饰安装前，确定安装位置线。按设计位置由测量配合，弹好花饰位置中心线及分块的控制线。

5）一般轻型预制花饰采用贴法安装。粘贴材料根据花饰材料的品种选用。水泥砂浆花饰和水泥水刷石花饰，使用水泥砂浆或聚合物水泥砂浆粘贴；石膏花饰宜采用石膏灰或水泥浆粘贴；木制花饰和塑料花饰可用胶粘剂粘贴，也可用木螺钉固定的方法；金属花饰宜用螺钉固定，根据构造也可选用焊接安装。

6）预制混凝土花格或浮面花饰制品，应用1：2水泥砂浆砌筑，拼块之间用钢销子系固，并与结构连接牢固。

7）较重的大型花饰采用螺钉固定法安装。安装时将花饰预留孔对准结构预埋固定件，用铜或镀锌螺钉适量拧紧固定，花饰图案应精确吻合，固定后用1：1水泥砂浆将安装孔眼堵严，表面用同花饰颜色一样的材料修饰，不留痕迹。

8）重量大、大体型花饰采用螺栓固定法安装。安装时将花饰预留孔对准安装位置的预埋螺栓，按设计要求基层与花饰表面规定的缝隙尺寸，用螺母或垫块板固定，并加临时支撑。花饰图案应清晰，对缝吻合。花饰与墙面间隙的两侧和底面用石膏临时堵住。待石膏凝固后，用1：2水泥砂浆分层灌入花饰与墙面的缝隙中，由下而上每次灌100mm左右的高度，下层终凝后再灌上一层。待灌缝砂浆达到强度后方可拆除支撑，清除周边临时堵缝的石膏，并修饰完整。

9）大、重型金属花饰采用焊接固定法安装。根据花饰块体的构造，采用临时固挂的方法，按设计要求找正位置，焊接点应受力均匀，焊接质量应满足设计及有关规范的要求。

4.3.13.4 质量标准

适用于混凝土、石材、木材、塑料、金属、玻璃、石膏等花饰制作与安装工程的质量验收。

检查数量应符合下列规定：室外每个检验批应全部检查；室内每个检验批应至少抽3间（处），不足3间（处）时应全部检查。

（1）主控项目

1）花饰制作与安装所使用材料的材质、规格应符合设计要求。

2）花饰的造型、尺寸应符合设计要求。

3）花饰的安装位置和固定方法必须符合设计要求，安装必须牢固。

（2）一般项目

1）花饰表面应洁净，接缝应严密吻合，不得有歪斜、裂缝、翘曲及破损。

2）花饰安装的允许偏差见表4-15。

花饰安装的允许偏差　　　　　　　　　　　表 4-15

项次	项目		允许偏差（mm）		检验方法
			室内	室外	
1	条形花饰的水平度	每米	1	2	拉线和用 1m 垂直检测尺检查
	或垂直度	全长	3	6	
2	单独花饰中心位置偏移		10	15	拉线和用钢直尺检查

4.3.13.5　成品保护

（1）花饰安装后较低处应用板材封闭，以防碰损。

（2）花饰安装后应用覆盖物封闭，以保持清洁和色调不受污染。

（3）拆脚手架或跳板及搬动材料、设备和施工工具时，不得碰坏花饰，注意保护完整。

（4）专人负责看护花饰，不得在花饰上乱写乱画，严防花饰受污染。

4.3.13.6　安全环保措施

（1）操作前检查脚手架和跳板是否搭设牢固，高度是否满足操作要求，合格后方可上架操作，凡不符合安全之处应及时修正。

（2）禁止穿硬底鞋、拖鞋、高跟鞋在架子上工作，架子上人数不得集中在一起，工具要搁置稳定，防止坠落伤人。

（3）在两层脚手架上操作时，应尽量避免在同一垂直线上工作。

（4）夜间临时用的移动照明灯，必须使用安全电压。机械操作人员必须培训持证上岗，现场一切机械设备，非操作人员一律禁止操作。

（5）选择材料时，必须选择符合设计和国家规定的材料。

4.3.13.7　施工注意事项

（1）花饰安装必须选择相应的固定方法及粘贴材料。注意胶粘剂品种、性能，防止粘不牢，造成开粘脱落。

（2）安装花饰时，应注意弹线和块体拼装的精度，为避免花饰安装平直超偏，需测量人员紧密配合施工。

（3）采用螺钉和螺栓固定花饰，在安装时不可硬拧，使各受力点平均受力，以防止花饰扭曲变形和裂开。

（4）花饰安装完毕后加强防护措施，保持已安装好的花饰完好、洁净。

4.4 涂饰工程施工技术

4.4.1 建筑装饰涂料的分类及性能

建筑涂料是指涂覆于建筑物表面，并能与建筑物表面材料很好地粘结，形成完整涂膜的材料。主要起到装饰和保护被涂覆物的作用，防止来自外界物质的侵蚀和损伤，提高被涂覆物的使用寿命；并可改变其颜色、花纹、光泽、质感等，提高被涂覆物的美观效果。

4.4.1.1 建筑装饰涂料分类

建筑装饰涂料分类有多种形式，主要分类见表 4-16。

建筑装饰涂料的主要分类　　　　　　　　表 4-16

序号	分类	类型
1	按涂料在建筑的不同使用部位分类	外墙涂料、内墙涂料、地面涂料、顶面涂料、屋面料等
2	按使用功能分类	多彩涂料、弹性涂料、抗静电涂料、耐洗涂料、耐磨涂料、耐温涂料、耐酸碱涂料、防锈涂料等
3	按成膜物质的性质分类	有机涂料（如聚丙烯酸酯外墙涂料），无机涂料（如硅酸钾水玻璃外墙涂料），有机、无机复合型涂料（如硅溶胶、苯酸合外墙涂料）
4	按涂料溶剂分类	水溶性涂料、乳液型涂料、溶剂型涂料、粉末型涂料
5	按施工方法分类	浸渍涂料、喷涂涂料、涂刷涂料、滚涂涂料等
6	按涂层作用分类	底层涂料、面层涂料等
7	按装饰质感分类	平面涂料、砂面涂料、立体花纹涂料等
8	按涂层结构分类	薄涂料、厚涂料、复层涂料

4.4.1.2 建筑装饰涂料的性能

本书介绍的建筑装饰涂料主要为建筑内墙及外墙涂料。建筑装饰涂料的性能大致可以分为施工性能、内墙涂料性能和外墙涂料性能，详见表4-17。

建筑装饰涂料的性能

表 4-17

主要类型	涂料性能	主要作用
施工性能	重涂性	同一种涂料进行多层涂装时，能够保持良好的层间附着力及颜色和光泽的一致性
	不流性	涂料在涂装过程中不会立即向下流淌，从而不会形成下厚上薄的不均匀外观
	抗飞溅性	用辊筒涂装墙面或顶棚时，涂料不会从辊筒向外飞溅
	流平性	涂料在涂装过程中能够均匀地流动，不会留下"印刷"或"辊筒印"，漆膜干燥后均匀、平整
内墙涂料性能	易清洗性	漆膜表面的污渍容易被去除掉
	耐擦洗性	漆膜在刷子、海绵或抹布反复擦拭后不损坏
	抗磨光性	当漆膜经过摩擦或洗刷后，光泽度不会提高
	抗粘连性	两个被涂装的表面互相挤压时，比如门框和窗框，彼此不会粘在一起
	防霉性	涂料不易生霉
	保色性	涂料能保持原有的颜色不变
	遮盖力	涂料遮盖或隐藏被涂装的表面
	抗开裂性	漆膜在老化过程中，不会出现开裂的现象
	环保性	涂料中挥发性有机化合物（VOC）的含量非常低，而且所含有害物质限量符合国家标准
外墙涂料性能	粉化性	涂料涂装一段时间后，漆膜表面不会出现白色粉末
	耐水性	在雨天或潮气很大的环境中，漆膜不会剥落或起泡
	耐沾污性	漆膜表面不容易沾染灰尘和污渍
	抗开裂性	漆膜在老化过程中，不会出现开裂的现象
	防霉性	涂料不易生霉
	抗风化性	漆膜能够抵抗碱的侵蚀
	保色性	涂料能保持原有颜色不变
	附着力	漆膜与被涂面之间结合牢固
	环保性	涂料中挥发性有机化合物（VOC）的含量较低，而且所含有害物质限量符合国家标准

4.4.2 常用材料

4.4.2.1 腻子

腻子是用于平整物体表面的一种装饰材料，直接涂施于物体或底漆上，用以填平被涂物表面上高低不平的部分。

按其性能可分为耐水腻子、821 腻子、掺胶腻子。

一般常用腻子根据不同的工程项目和用途可分为两类：

（1）胶滑石粉腻子：由滑石粉（重钙粉）、化学胶、石膏粉、骨胶配制而成，用于水性涂料平顶内施工。

（2）胶油面腻子：由油基清漆、滑石粉、化学胶、石膏粉配制而成，用于原油漆的平顶墙面。

装饰所用腻子宜采用符合《建筑室内用腻子》JG/T 298—2010 要求的成品腻子，成品腻子粉规格一般为 20kg 袋装。如采用现场调配的腻子，应坚实、牢固，不得粉化、起皮和开裂。

4.4.2.2 底涂

底涂是用于封闭水泥墙面的毛细孔，起到预防返碱、返潮及防止霉菌滋生的作用。底涂还可增强水泥基层强度，增加面层涂料对基层的附着力，提高涂膜的厚度，使物体达到一定的装饰效果，从而减少面涂的用量。底涂一般都具有一定的填充性、打磨性，实色底涂还具备一定的遮盖力。

其规格一般为桶装 1L、5L、15L、16L、18L、20L 等。

4.4.2.3 面涂

面涂具有保光性、保色性较好，硬度较高，附着力较强，流平性较好等优点，涂施工于物体表面可使物体更加美观，具有较好的装饰和保护作用。

面涂的规格一般为桶装 1L、5L、15L、16L、18L、20L 等。

4.4.3 常用工具

涂饰工程中常用的工具有：涂刷工具、滚涂工具、弹涂工具、喷涂工具等。

4.4.3.1 涂刷工具

涂刷工具见表 4-18。

涂刷工具

表 4-18

序号	工具名称	图例	规格	用途
1	排笔刷		多种	涂刷乳胶漆
2	底纹笔		多种	涂刷乳胶漆
3	料桶		多种	盛装及搅拌涂料、腻子等

4.4.3.2 滚涂工具

滚涂工具见表 4-19。

滚涂工具

表 4-19

序号	工具名称	规格	用途
1	长毛绒辊	多种	滚刷涂料
2	泡沫塑料辊	多种	滚刷涂料
3	橡胶辊	多种	滚刷涂料
4	压花、印花辊	多种	滚刷涂料
5	硬质塑料辊	多种	滚刷涂料

4.4.3.3 弹涂工具

弹涂工具见表 4-20。

弹涂工具 表 4-20

序号	工具名称	规格	用途
1	手动弹涂器	多种	用于浮雕涂料、石头漆等弹涂
2	电动弹涂器	多种	用于浮雕涂料、石头漆等弹涂

4.4.3.4 喷涂工具

喷涂工具见表 4-21。

喷涂工具 表 4-21

序号	工具名称	图例	规格	用途
1	空气压缩机		多种	喷涂涂料
2	高压无气喷机	—	多种	喷涂涂料
3	喷枪		多种	喷涂涂料

4.4.4 涂饰施工

4.4.4.1 外墙涂饰工程

（1）工艺流程

清理墙面→修补墙面→填补腻子→打磨→贴玻璃纤维网格布→满刮腻子及打磨→刷底漆→刷第一遍面漆→刷第二遍面漆。

（2）施工准备

1）清除墙面污物、浮沙，基层要求整体平整、清洁、坚实、无起壳。混凝土及抹灰面层的含水率应在10%以下，pH值不得大于10。未经检验合格的基层不得进行施工。

2）外墙脚手架与墙面的距离应适宜，架板安装应牢固。外窗应采取遮挡保护措施，以免施工时被涂料污染。

3）施工班组应配技术负责人，施工人员须经本工艺施工技术培训，合格者方可上岗。

4）大面积施工前，应按设计要求做出样板，经设计、建设单位认可后，方可进行施工。

5）施工前应注意气候变化，大风及雨天不得施工。

（3）基层处理

1）将墙面起皮及松动处清除干净，并用水泥砂浆补抹，将残留灰渣铲干净，然后将墙面扫净。

2）基层缺棱、掉角、孔洞、坑洼、缝隙等缺陷采用1:3水泥砂浆修补、找平，干燥后用砂纸将凸出处磨掉，将浮尘扫净。

（4）施工工艺

1）填补腻子

将墙体不平整、光滑处用腻子找平。腻子应具备较好的强度、粘结性、耐水性和持久性。在进行填补腻子施工时，宜薄不宜厚，以批刮平整为主（第二层腻子应待第一层腻子彻底干燥后再进行施工）。

2）打磨

① 打磨必须在基层或腻子干燥后进行，以免粘附砂纸影响操作。

② 手工打磨应将砂纸包在打磨垫块上，往复用力推动垫块进行打磨，不得只用一两个手指直接压着砂纸打磨，以免影响打磨的平整度。机械打磨采用电动打磨机，将砂纸夹于打磨机上，在基层上来回推动进行打磨，不宜用力按压以免电机过载受损。

③ 打磨时先采用粗砂纸打磨，然后再用细砂纸打磨；需注意表面的平整

性，即使表面的平整性符合要求，仍要注意基层表面粗糙度及打磨后的纹理质感，如出现这两种情况会因为光影作用而使面层颜色光泽造成深浅明暗不一而影响效果，这时应局部再磨平，必要时采用腻子进行再修平，从而达到粗糙程度一致。

④ 对于表面不平，可将凸出部分用铲刀铲平，再用腻子进行填补，待干燥后再用砂纸进行打磨。要求打磨后基层的平整度达到在侧面光照下无明显批刮痕迹、无粗糙感、表面光滑。

⑤ 打磨后，立即清除表面灰尘，以利于下一道工序的施工。

3）贴玻璃纤维网格布

采用网眼密度均匀的玻璃纤维网格布进行铺贴，铺贴时自上而下用108胶水边贴边用刮板赶平，同时均匀地刮透；出现玻璃纤维网格布的接槎时，应错缝搭接2～3cm，待铺平后用刀进行裁切，裁切时必须裁齐，并使玻璃纤维网格布并拢，以使附着力增强。

4）满刮腻子及打磨

采用聚合物腻子满刮，以修平贴玻璃纤维网格布引起的不平整现象，防止表面的毛细裂缝。干燥后用0号砂纸磨平，做到表面平整、粗糙程度一致、纹理质感均匀。

5）刷底漆、面漆

① 刷涂施工

施工前先将刷毛用水或稀释剂浸湿、甩干，然后再蘸取涂料。刷毛蘸入涂料不要过深，蘸料后在匀料板或容器边口刮去刷毛上多余的涂料，然后在基层上依顺序刷开。涂刷时刷子与被涂面的角度为50°～70°，修饰时角度则减少到30°～45°。涂刷时动作要迅速、流畅，每个涂刷段不宜过宽，以保证相互衔接时涂料湿润，不显接头痕迹。在涂刷门窗、墙角等部位时，应先用小刷子将不易涂刷的部位涂刷一遍，然后再进行大面积涂刷。刷涂施工时，前一遍涂层表干后方可进行后一遍的涂刷，前后两层的涂刷时间间隔不得小于2h。

② 滚涂施工

　　施工前先用水或稀释剂将滚筒刷润湿，在干净的纸板上滚去多余的液体再蘸取涂料，蘸料时只需将滚筒的一半浸入料中，然后在匀料板上来回滚动使涂料充分、均匀地附着于滚筒上。滚涂时沿水平方向，按"W"形方式将涂料滚在基层上，然后再横向滚匀，每一次滚涂的宽度不得大于滚筒长度的4倍，同时要求在滚涂的过程中重叠滚筒长度的1/3；避免在交合处形成刷痕，滚涂过程中应用力均匀、平稳，开始时稍轻，然后逐步加重。

　　③ 喷涂施工

　　在喷涂施工中，对涂料稠度、空气压力、喷射距离、喷枪运行中的角度和速度等方面均有一定的要求。涂料稠度必须始终一致，太稠不便施工，太稀影响涂层厚度，且容易流淌。空气压力在 $0.4 \sim 0.8 \text{N/mm}^2$ 之间选择确定，压力选得过低或过高，涂层质感差，涂料损耗多。喷射距离一般为 $40 \sim 60 \text{cm}$，喷嘴距离过远，则涂料损耗多。喷枪运行中喷嘴中心线必须与墙面垂直，喷枪应与被涂墙面平行移动，运行速度要保持一致，运行过快，涂层较薄，色泽不均；运行过慢，涂料粘附太多，容易流淌。喷涂施工应连续作业，一气呵成，争取到分格缝处再停歇。

　　④ 弹涂施工

　　a. 弹涂施工的全过程都必须根据事先设计的样板上的色泽和涂层表面形状的要求进行。

　　b. 在基层表面先刷1～2层涂料，作为底色涂层。待底色涂层干燥后，再进行弹涂。门窗等不必进行弹涂的部位应予遮挡。

　　c. 弹涂时，手提弹涂机，先调整和控制好浆门、浆量和弹棒，然后开动电机，使机口垂直正对墙面，保持适当距离（一般为30～50cm），按一定手势和速度，自上而下，自右（左）至左（右），循序渐进，要注意弹点密度均匀适当，上下左右接头不明显。对于花形彩弹，在弹涂以后，应有一人进行批刮压花，弹涂到批刮压花之间的间歇时间，视施工现场的温度、湿度及花形等不同而定。压花操作应用力均匀，运动速度要适当，方向竖直不偏斜，刮板与墙面的角度宜为15°～30°；应单方向批刮，不得往复操作；每批刮一次，刮板须用棉纱擦抹，不得间隔，以防花纹模糊。

d. 大面积弹涂后，如出现局部弹点不匀或压花不合要求而影响装饰效果时，应进行修补，修补方法有补弹和笔绘两种，修补应使用与刷底或弹涂同一颜色的涂料。

4.4.4.2 内墙涂饰工程

（1）施工准备

1）室内有关抹灰工种的工作已全部完成，基层应平整、清洁，表面无灰尘、无浮浆、无油迹、无锈斑、无霉点、无浮砂、无起壳、无盐类析出物、无青苔等杂物。

2）基层应干燥，混凝土及抹灰面层的含水率应在 10％以下，基层的 pH 值不得大于 10。

3）过墙管道、洞口、阴阳角等处应提前抹灰找平修整，并充分干燥。

4）室内木工、水暖工、电工的施工项目均已完成，门窗玻璃安装完毕，湿作业的地面施工完毕，管道设备试压完毕。

5）门窗、灯具、电器插座及地面等应进行遮挡，以免施工时被涂料污染。

6）冬期施工室内温度不宜低于 5℃，相对湿度在 85％以下，并在供暖条件下进行，室温保持均衡，不得突然变化。同时，应设专人负责测试和开关门窗，以利通风和排除湿气。

7）做好样板间，并经检查鉴定合格后，方可组织大面积喷（刷）涂。

（2）基层处理

1）混凝土基层处理

① 在混凝土面层进行基层处理的部分，由于日后修补的砂浆容易剥离，或修补部分与原来的混凝土面层的渗吸状态、表面凹凸状态不同，对于某些涂料品种容易产生涂料饰面外观不均匀的问题。因此，原则上必须尽量做到混凝土基层表面平整度良好，不需要修补处理。

② 对于混凝土的施工缝等表面不平整或高低不平的部位，应使用聚合物水泥砂浆进行基层处理，做到表面平整，并使抹灰层厚度均匀一致。具体做法

是先认真清扫混凝土表面，涂刷聚合物水泥砂浆，每遍抹灰厚度不大于9mm，总厚度为25mm，最后在抹灰底层用抹子抹平，并进行养护。

③ 由于模板缺陷造成混凝土尺寸不准，或由于设计变更等导致抹灰找平部分厚度增加，为了防止出现开裂及剥离，应在混凝土表面固定焊接金属网，并将找平层抹在金属网上。

④ 其他基层问题处理办法

a. 微小裂缝。用封闭材料或涂膜防水材料沿裂缝搓涂，然后在表面撒细砂等，使装饰涂料能与基层很好地粘结。对于预制混凝土板材，可用低黏度的环氧树脂或水泥砂浆进行压力灌浆压入缝中。

b. 气泡砂孔。应用聚合物水泥砂浆嵌填直径大于3mm的气孔。对于直径3mm以下的气孔，可用涂料或封闭腻子处理。

c. 表面凹凸。凸出部分用磨光机研磨平整。

d. 露出钢筋。用磨光机等将铁锈全部清除，然后进行防锈处理。也可将混凝土进行少量剔凿，对混凝土内露出的钢筋进行防锈处理，然后用聚合物砂浆补抹平整。

e. 油污。油污、隔离剂必须用洗涤剂洗净。

2) 水泥砂浆基层处理

① 当水泥砂浆面层有空鼓现象时，应铲除，用聚合物水泥砂浆修补。

② 水泥砂浆面层有孔眼时，应用水泥素浆修补，也可从剥离的界面注入环氧树脂胶粘剂。

③ 水泥砂浆面层凹凸不平时，应用磨光机研磨平整。

3) 加气混凝土板基层处理

① 加气混凝土板材接缝连接面及表面气孔应全部刮涂打底腻子，使表面光滑平整。

② 由于加气混凝土基层吸水率很大，可能把基层处理材料中的水分全部吸干，因此可在加气混凝土基层表面涂刷合成树脂乳液封闭底漆，使基础渗吸得到适当调整。

③ 修补边角及开裂时，必须在界面上涂刷合成树脂乳液，并用聚合物水泥砂浆修补。

4）石膏板、饰面板的基层处理

① 一般石膏板不适宜用于湿度较大的基层，湿度较大时，需对石膏板进行防潮处理或采用防潮石膏板。

② 石膏板多做对接缝，此时接缝及钉孔等必须用合成树脂乳液腻子刮涂打底，固化后用砂纸打磨平整。

③ 石膏板连接处可做成 V 形接缝。施工时，在 V 形缝中嵌填专用的合成树脂乳液石膏腻子，并贴玻璃接缝带抹压平整。

④ 石膏板在涂刷前，应对石膏面层用合成树脂乳液灰浆腻子刮涂打底，固化后用砂纸等打磨平整。

（3）施工工艺

1）乳胶漆施工

① 工艺流程

清理墙面→修补墙面→刮腻子→刷底漆→刷 1～3 遍面漆。

② 施工工艺

a. 刮腻子：刮腻子的遍数可由墙面平整程度决定，通常为 3 遍，腻子配比为乳胶：大白粉：2%羧甲基纤维素：复粉＝1：5：3.5：0.8。厨房、厕所、浴室用聚醋酸乙烯乳液：水泥：水＝1：5：1（耐水性腻子）。第一遍用胶皮刮板横向满刮，干燥后用砂纸打磨，将浮腻子及斑迹磨光，然后将墙面清扫干净。第二遍用胶皮刮板竖向满刮，所用材料及方法同第一遍腻子，干燥后用砂纸磨平并清扫干净。第三遍用胶皮刮板找补腻子或用钢片刮板满刮腻子，将墙面刮平刮光，干燥后用细砂纸磨平磨光，不得遗漏或将腻子磨穿。

如采用成品腻子粉，只需加入清水（1kg 腻子粉添加 0.4～0.5kg 水）搅拌均匀后即可使用，拌好的腻子应呈均匀膏状，无粉团。为提高石膏板的耐水性能，可先在石膏板上涂刷专用界面剂、防水涂料，再批刮腻子。批刮的腻子层不宜过厚，且必须待第一遍干透后方可批刮第二遍。底层腻子未干透，不得做面层。

b. 刷底漆：涂刷顺序是先刷顶棚后刷墙面，墙面是先上后下。将基层表面清扫干净。乳胶漆用排笔（或滚筒）涂刷，使用新排笔时，应将排笔上不牢固的毛清理掉。底漆使用前应加水搅拌均匀，待干燥后复补腻子，腻子干燥后再用砂纸磨光，并清扫干净。

c. 刷1～3遍面漆：操作要求同底漆，使用前充分搅拌均匀。刷第2遍、第3遍面漆时，须待前一遍漆膜干燥后，用细砂纸打磨光滑并清扫干净后再刷下一遍。由于乳胶漆膜干燥较快，涂刷时应连续迅速操作，上下顺刷互相衔接，避免干燥后出现接头。

③ 成品保护

a. 操作前将不需涂饰的门窗及其他相关部位遮挡好。

b. 涂料墙面未干前不得清扫室内地面，以免粉尘沾污墙面涂料，漆面干燥后不得靠近墙面泼水，以免污染墙面。

c. 涂料墙面完工后要妥善保护，不得磕碰损坏。

d. 拆脚手架时，要轻拿轻放，严防碰撞已涂饰完的墙面。

④ 质量要求

乳胶漆质量和检验方法应符合表4-22的规定。

乳胶漆质量和检验方法 表4-22

项次	项目	普通涂饰	高级涂饰	检验方法
1	颜色	均匀一致	均匀一致	观察
2	泛减、咬色	允许少量轻微	不允许	
3	流坠、疙瘩	允许少量轻微	不允许	
4	砂眼、刷纹	允许少量轻微砂眼，刷纹通顺	无砂眼，无刷纹	
5	装饰线、分色线直线度允许偏差（mm）	2	1	拉5m线，不足5m拉通线，用钢直尺检查

187

2) 美术漆工程

① 工艺流程

清理基层→刮腻子→打磨砂纸→刷封闭底漆→涂装质感涂料→画线。

② 施工工艺

a. 刮腻子：刮腻子的遍数可由墙面平整程度决定，通常为 3 遍，腻子配比为乳胶：大白粉：2％羧甲基纤维素：复粉＝1：5：3.5：0.8。厨房、厕所、浴室用聚醋酸乙烯乳液：水泥：水＝1：5：1（耐水性腻子）。第一遍用胶皮刮板横向满刮，干燥后用砂纸打磨，将浮腻子及斑迹磨光，然后将墙面清扫干净。第二遍用胶皮刮板竖向满刮，所用材料及方法同第一遍腻子，干燥后用砂纸磨平并清扫干净。第三遍用胶皮刮板找补腻子或用钢片刮板满刮腻子，将墙面刮平刮光，干燥后用细砂纸磨平磨光，不得遗漏或将腻子磨穿。

如采用成品腻子粉，只需加入清水（每 kg 腻子粉添加 0.4～0.5kg 水）搅拌均匀后即可使用，拌好的腻子应呈均匀膏状，无粉团。在石膏板上施涂美术漆，为提高石膏板的耐水性能，可先在石膏板上涂刷专用界面剂、防水涂料，再批刮腻子。批刮的腻子层不宜过厚，且必须待第一遍干透后方可批刮第二遍。冬期施工时，应注意防冻，底层腻子未干透不得做面层。

b. 刷封闭底漆：基层腻子干透后，涂刷一遍封闭底漆。涂刷顺序是先顶棚后墙面，墙面是先上后下。将基层表面清扫干净。使用排笔（或滚筒）涂刷，施工工具应保持清洁，使用新排笔时，应将排笔上不牢固的毛清理掉，确保封闭底漆不受污染。

c. 涂装质感涂料：待封闭底漆干燥后，即可涂装质感涂料。一般采用刮涂或喷涂等施工方法。刮涂（抹涂）施工是用铁抹子将涂料均匀刮涂到墙上，并根据设计图纸的要求，刮出各种造型，或用特殊的施工工具制作出不同的艺术效果。喷涂施工是用喷枪将涂料按设计要求喷涂于基层上，喷涂施工时应注意控制涂料的黏度、喷枪的气压、喷口的大小、喷射距离以及喷射角度等。

③ 成品保护

a. 进行操作前应将不进行喷涂的门窗及其他关部位遮挡好。

b. 喷涂完的墙面，随时用木板或小方木将口、角等处保护好，防止碰撞造成损坏。

c. 涂裱工刷漆时，严禁蹬踩已涂好的涂层部位（窗台），防止小油桶碰翻涂漆污染墙面。

d. 应合理安排刷（喷）浆工序与其他工序，避免刷（喷）后其他工序又进行修补工作。

e. 刷（喷）浆前应对已完成的地面面层进行保护，严禁落浆造成污染。

f. 移动浆桶、喷浆机等施工工具时严禁在地面上拖拉，防止损坏地面的面层。

g. 浆膜干燥前，应防止尘土沾污和热气侵袭。

h. 拆架子或移动高凳子应注意保护好已刷浆的墙面。

i. 浆活完工后应加强管理，保护好墙面。

④ 质量要求

美术漆工程质量要求见表 4-23、表 4-24。

混凝土及抹灰表面油漆美术涂饰工程质量要求　　　表 4-23

项次	项目	中级涂料	高级涂料	检验方法
1	花色	均匀	均匀	观察
2	光泽	光泽基本均匀	光泽均匀一致	观察
3	裹棱、流坠、皱皮	明显处不允许	不允许	观察
4	装饰线、分色线直线度允许偏差（mm）	2	1	拉 5m 线，不足 5m 拉通线，用钢直尺检查

注：无光色漆不检查光泽。

室内水性涂料美术粉饰工程质量要求　　　表 4-24

项次	项目	中级涂饰	高级涂饰	检查方法
1	颜色	均匀一致	均匀一致	观察
2	泛碱、咬色	允许少量轻微	不允许	
3	流坠、疙瘩	允许少量轻微	不允许	

项次	项目	中级涂饰	高级涂饰	检查方法
4	装饰线、分色线直线度允许偏差（mm）	2	1	拉 5m 线，不足 5m 拉通线，用钢直尺检查

4.4.4.3 内、外墙氟碳漆工程

（1）工艺流程

基层处理→铺挂玻璃纤维网格布→分格缝切割及批刮腻子→封闭底涂施工→中涂施工→面涂施工→分格缝描涂。

（2）施工准备

1）施工准备：清除墙面污物、浮沙，基层要求整体平整、清洁、坚实、无起壳。混凝土及抹灰面层的含水率应在 10％以下，pH 值不得大于 10。未经检验合格的基层不得进行施工。外墙脚手架与墙面的距离应适宜，架板安装应牢固。外窗应采取遮挡保护措施，以免施工时被涂料污染。施工班组应配技术负责人，施工人员须经本工艺施工技术培训，合格者方可上岗。大面积施工前，应按设计要求做出样板，经设计、建设单位认可后，方可进行施工。

2）墙面必须干燥，基层含水率应符合当地规范要求。

3）墙面的设备孔洞应提前处理完毕，为确保墙面干燥，各种穿墙孔洞都应提前抹灰补齐。

4）门窗要提前安装好玻璃。

5）施工前应事先做好样板间，经检查鉴定合格后，方可组织班组进行大面积施工。

6）作业环境应通风良好，湿作业已完成并具备一定的强度，周围环境比较干燥。

7）冬期施工涂料工程，应在供暖条件下进行，室温保持均衡，一般室内温度不宜低于 5℃，相对湿度在 85％以下。同时应设专人负责测试温度和开关门窗，以利通风排除湿气。

（3）基层处理

1）平整度检查：用 2m 靠尺仔细检查墙面的平整度，将明显凹凸部位用彩笔标出。

2）点补：孔洞或明显的凹陷用水泥砂浆进行修补，不明显的凹陷用粗找平腻子点补。

3）砂磨：用砂轮机将明显的凸出部分和修补后的部位打磨至符合要求（≤2mm）。

4）除尘、清理：用毛刷、铲刀等清除墙面粘附物及浮尘。

5）洒水：如果基面过于干燥，先洒水润湿，要求墙面见湿无明水。

6）基面修补完成，无浮尘，无其他粘附物，可进入下道工序。

（4）施工工艺

1）铺挂玻璃纤维网格布

满批粗找平腻子一道，厚度 1mm 左右；然后平铺玻璃纤维网格布，用铁抹子压实，使玻璃纤维网格布和基层紧密连接，再在上面满批粗找平腻子一道。铺挂玻璃纤维网格布后，干燥 12h 以上，可进入下道工序。

2）分格缝切割及批刮腻子

① 根据图纸要求弹出分格缝位置，用切割机沿定位线切割分格缝，一般宽度为 2cm，深度为 1.5cm，再用锤、凿等工具将缝芯挖出，将缝的两边修平。

② 粗找平腻子施工

第一遍满批刮，用刮尺对每一块由下至上刮平，稍待干燥后，一般 3~4h（晴天），仔细打磨，除去刮痕印。第二遍满批，用刮尺对每一块由左至右刮平，以上打磨使用 80 号砂纸或砂轮片施工。第三遍满批，用批刀收平，稍待干燥后，一般 3~4h（晴天），用 120 号以上砂纸仔细打磨，除去批刀印和接痕。每遍腻子施工完成后，洒水养护 4 次，每次养护间隔 4h。

③ 分格缝填充

填充前，先用水润湿缝芯。将配好的浆料填入缝芯后，干燥约 5min，用直径 2.5cm（或稍大）的圆管在填缝料表面拖出圆弧状的造型。

④ 细找平腻子施工

腻子满批后，用批刀收平，稍待干燥后，一般 3～4h，用 280 号以上砂纸仔细打磨，除去批刀印和接痕。细腻子施工完成后，干燥发白时即可打磨，洒水养护，两次养护间隔 4h，养护次数不少于 4 次。

⑤ 满批抛光腻子

满批后，用批刀收平。干燥后，用 300 号以上砂纸打磨；打磨后，用抹布除尘。

3）封闭底涂施工

采用喷涂。腻子层表面形成可见涂膜，无漏喷现象。施工完成后，至少干燥 24h，方可进入下道工序。

4）中涂施工

喷涂两遍，第一遍喷涂（薄涂，十字交叉）。充分干燥后进行第二遍喷涂（厚涂，十字交叉）。干燥 12h 以后，用 600 号以上的砂纸打磨，打磨必须认真彻底，但不可磨穿中涂。打磨后，必须用抹布除尘。

5）面涂施工

进行两遍喷涂（薄涂）。第一遍充分干燥后进行第二遍。施工完毕并干燥 24h 后，可进入下道工序。

6）分格缝描涂

用美纹纸胶带沿缝两边贴好保护，然后刷涂 2 遍分格缝涂料，待第一遍涂料干燥后方可涂刷第二遍。待干燥后，撕去美纹纸。

（5）成品保护

1）刷油漆前应先清理施工现场的垃圾及灰尘，以免影响油漆质量。

2）操作前将不需喷涂的门窗及其他相关部位遮挡好。

3）喷涂完的墙面，随时用木板或小方木将口、角等处保护好，防止碰撞造成损坏。

4）刷漆时，严禁蹬踩已涂好的涂层部位，防止油桶碰翻涂漆污染墙面。

5）应合理安排刷（喷）浆工序与其他工序，避免刷（喷）后其他工序又进行修补工作。

6）刷（喷）浆前应对已完成的地面面层进行保护，严禁落浆造成污染。

7）移动浆桶、喷浆机等施工工具时严禁在地面上拖拉，防止损坏地面的面层。

8）浆膜干燥前，应防止尘土沾污。

9）拆架子或移动高凳子应注意保护好已刷浆的墙面。

10）浆活完工后应加强管理，认真保护好墙面。

（6）质量要求

1）闪光粉分布均匀，密度与样板相当。

2）无流挂现象。

3）无明暗不均匀及发花现象。

4）光泽均匀，手感细腻。

5）无批刮印痕及凹凸不平现象。

4.5 裱糊与软包工程施工技术

4.5.1 常用工具

4.5.1.1 电动机具（表 4-25）

电动机具 表 4-25

序号	工具名称	图例	型号	用途
1	壁纸上胶机		多种	用于壁纸铺贴前打胶

续表

序号	工具名称	图例	型号	用途
2	空气压缩机		多种	气体压缩机具，配合气钉枪使用，为气钉枪提供气体动力
3	气钉枪		多种	用于打钉的气动工具，配合空气压缩机使用，利用气体压力将钉子射出，以固定对象物件

4.5.1.2 手工工具（表 4-26）

手工工具　　　　　　　　　表 4-26

序号	工具名称	图例	规格	用途
1	工作台		多种	用于壁纸（布）、软硬包面料的裁切、打胶
2	壁纸美工刀		多种	用于裁切壁纸（布）
3	剪刀		多种	用于裁切壁纸（布）、软硬包的面料
4	羊毛刷		多种	用于壁纸刷胶

序号	工具名称	图例	规格	用途
5	滚筒刷		多种	滚刷底漆、胶水
6	刮板		多种	用于铺贴墙纸（布）、赶出余胶及多余气泡
7	壁纸刷		多种	用于纯纸类壁纸铺平，避免刮板破坏纸面
8	壁纸压平滚		多种	用于纯纸类壁纸铺平，压平细小气泡，避免破坏纸面
9	壁纸接缝滚		多种	用于壁纸接缝压平
10	高凳		多种	提升作业面高度

4.5.2 裱糊工程

裱糊工程即为壁纸裱糊工程。壁纸是广泛应用于室内顶棚、墙柱面的装饰材料之一，具有色彩多样、图案丰富、耐脏、易清洁、耐用等优点。

4.5.2.1 壁纸的分类

壁纸的种类较多，其主要分类见表4-27。

壁纸的分类　　　　　　　　　　　　　　　表4-27

序号	分类	种类	细分种类
1	壁纸	普通壁纸	印花涂塑壁纸、压花涂塑壁纸、复塑壁纸
		发泡壁纸	高发泡印花壁纸、低发泡印花壁纸
		麻草壁纸	—
		纺织纤维壁纸	—
		特种壁纸	耐水壁纸、防火壁纸、彩色砂粒壁纸、自粘型壁纸、金属面壁纸、图景画壁纸
2	墙布	玻璃纤维墙布	—
		纯棉装饰墙布	—
		化纤装饰墙布	—
		无纺墙布	—

4.5.2.2 常用材料

（1）腻子

腻子是用于平整物体表面的一种装饰材料，直接涂施于物体或底漆上，用以填平被涂物表面上高低不平的部分。

装饰所用腻子宜采用符合《建筑室内用腻子》JG/T 298—2010 要求的成品腻子，成品腻子粉规格一般为 20kg 袋装。现场调配的腻子，应坚实、牢固，不得粉化、起皮和开裂。

（2）封闭底漆

封闭底漆的主要作用是封闭基材，保护板材，并起到预防返碱、返潮及防止霉菌滋生的作用。

（3）壁纸胶

用于粘贴壁纸的胶水，壁纸胶分为壁纸胶粉和成品壁纸胶。壁纸胶粉一般为盒装或袋装，有多种规格，需按说明书加水调配后方可使用。

布基胶面壁布比较厚重，应采用壁布专用胶水，专用胶水每 kg 可以施工 5m²，直接用滚刷涂到墙面和壁布背面即可。

（4）壁纸、壁布

壁纸和壁布的规格一般有大卷、中卷和小卷三种。大卷宽 920～1200mm，长 50m，每卷可贴 40～90m²；中卷宽 760～900mm，长 25～50m，每卷可贴 20～45m²；小卷宽 530～600mm，长 10～12m，每卷可贴 5～6m²。其他规格尺寸可由供需双方协商或以标准尺寸的倍数供应。

4.5.2.3 裱糊施工

（1）工艺流程

基层处理→刷封闭底胶→放线→计算用料、裁纸→刷胶→裱糊。

（2）施工准备

1）作业条件

① 新建筑物的混凝土或抹灰基层墙面在刮腻子前应涂刷抗碱封闭底漆。

② 旧墙面在裱糊前应清除疏松的旧装修层，并刷涂界面剂。

③ 水泥砂浆找平层已抹完，经干燥后含水率不大于 8％，木材基层含水率不大于 12％。

④ 水电及设备、顶墙上预留预埋件已完成。门窗油漆已完成。

⑤ 房间地面工程已完成，经检查符合设计要求。

⑥ 房间的木护墙和细木装修底板已完成，经检查符合设计要求。

⑦ 大面积装修前应做样板间，经监理单位鉴定合格后，方可组织施工。

2）测量放线

① 顶棚：首先应将顶面通过吊直、套方、找规矩的办法弹出对称中心线，以便从中间向两边对称控制。

② 墙面：首先应将房间四角的阴阳角通过吊垂直、套方、找规矩的方法弹出中心线，并确定从哪个阴角开始按照壁纸的尺寸进行分块弹线控制（无图案墙纸通常做法是进门左阴角处开始铺贴第一张，有图案墙纸应根据设计要求进行分块）。

③ 具体操作方法：

按壁纸的标准宽度找规矩，每个墙面的第一条纸都要弹线找垂直，第一条线距墙阴角约15cm处，作为裱糊时的基准线，基准垂线弹得越细越好。墙面上如有门窗口的，应增加门窗两边的垂直线。

（3）基层处理

根据基层不同材质，采用不同的处理方法。

1）混凝土及抹灰基层处理

裱糊壁纸的基层是混凝土面、抹灰面（如水泥砂浆、水泥混合砂浆、石灰砂浆等），要满刮腻子一遍并用砂纸打磨；但混凝土面、抹灰面有气孔、麻点、凸凹不平时，为了保证质量，应增加满刮腻子和砂纸打磨遍数。

2）木质基层处理

木基层接缝、钉眼应用腻子补平并满刮油性腻子一遍（第一遍），并用砂纸磨平。第二遍可用石膏腻子找平，腻子的厚度应减薄，可在腻子五六成干时，用塑料刮板有规律地压光，最后用干净的抹布轻轻将表面灰粒擦净。

贴金属壁纸的木基面处理，第二遍腻子应采用石膏粉加血料调配的腻子，其配比为10∶3（质量比）。金属壁纸对基面的平整度要求很高，稍有不平处或粉尘，都会在金属壁纸裱贴后明显地看出；所以金属壁纸的木基面处理，应与木家具打底方法基本相同，批抹腻子的遍数要求在3遍以上；批抹最后一遍腻子并打平后，用软布擦净。

3）石膏板基层处理

纸面石膏板比较平整，批抹腻子主要是在对缝处和螺钉孔位处。对缝批抹腻子后，还需用棉纸带贴缝，以防止对缝处的开裂（图4-15、图4-16）。在纸面石膏板上，应用腻子满刮一遍，找平大面，对第二遍腻子进行修整。

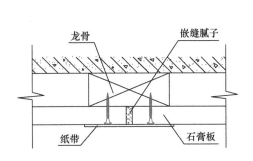
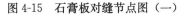

图 4-15 石膏板对缝节点图（一）

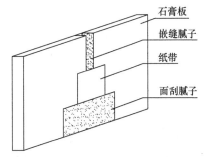

图 4-16 石膏板对缝节点图（二）

4）不同基层相接处的处理

不同基层材料的相接处，如石膏板与木夹板（图 4-17）、水泥或抹灰面与木夹板（图 4-18）、水泥或抹灰面与石膏板之间的对缝（图 4-19），应用棉纸带或穿孔纸带粘贴封口，以防止裱糊后的壁纸面层被拉裂撕开。

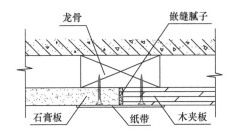

图 4-17 石膏板与木夹板对缝节点图

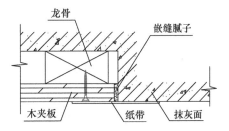

图 4-18 抹灰面与木夹板对缝节点图

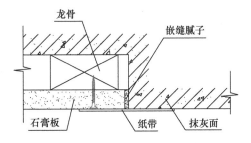

图 4-19 抹灰面与石膏板对缝节点图

199

（4）施工工艺

1）刷封闭底胶

涂刷防潮底胶是为了防止壁纸受潮脱胶，一般对于裱糊塑料壁纸、壁布、纸基塑料壁纸、金属壁纸的墙面，应涂刷防潮底漆，该底漆可涂刷，也可喷刷，漆液不宜厚，且要均匀一致。

在涂刷防潮底漆和底胶时，室内应无灰尘，且防止灰尘和杂物混入底胶中。底胶一般是一遍成活，不得漏刷、漏喷。

2）计算用料、裁纸

按基层实际尺寸计算所需用量，如采用搭接施工应在每边增加2～3cm作为裁纸量。

裁剪在工作台上进行，用壁纸刀、剪刀将壁纸、壁布按设计图纸要求进行裁切。对有图案的材料，无论顶棚还是墙面均应从粘贴的第一张开始对花，墙面从上部开始。边裁边编顺序号，以便按顺序粘贴。

3）刷胶

纸面、胶面、布面等壁纸，在进行施工前对2～3块壁纸进行刷胶，使壁纸起到湿润、软化的作用，塑料纸基背面和墙面都应涂刷胶粘剂，刷胶应厚薄均匀，从刷胶到最后上墙的时间一般控制在5～7min。

金属壁纸的胶液应使用专用壁纸粉胶。刷胶时，准备一个长度大于壁纸宽的圆筒，一边在裁剪好的金属壁纸背面刷胶，一边将刷过胶的部分向上卷在圆筒上（图4-20）。

4）壁纸裱糊

① 普通壁纸裱糊施工

裱糊壁纸时，首先要垂直，然后对花纹拼缝，再用刮板用力抹压平整，应按壁纸背面箭头方向进行裱贴。原则是先垂直面后水平面，先细部后大面。贴垂直

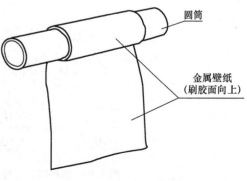

图 4-20 金属壁纸刷胶

面时先上后下，贴水平面时先高后低。在顶棚上裱糊壁纸，宜沿房间的长边方向进行裱糊。相邻两幅壁纸的连接方法有拼接法和搭接法两种。顶棚壁纸一般采用推贴法进行裱糊。

拼接法：一般用于带图案或花纹壁纸的裱贴。壁纸在裱贴前先按编号及背面箭头试拼，然后按顺序将相邻的两幅壁纸直接拼缝及对花逐一裱贴于墙面上，再用刮板、压平滚从上往下斜向赶出气泡和多余的胶液使之贴实，刮出的胶液用洁净的湿毛巾擦干净，然后用接缝滚将壁纸接缝压平。

搭接法：用于无须对接图案的壁纸的裱贴。裱贴时，使相邻的两幅壁纸重叠，然后用直尺及壁纸刀在重叠处的中间将两层壁纸切开（图 4-21），再分别将切断的两幅壁纸边条撕掉，再用刮板、压平滚从上往下斜向赶出气泡和多余的胶液使之贴实，刮出的胶液用洁净的湿毛巾擦干净，然后用接缝滚将壁纸接缝压平。

推贴法：一般用于顶棚裱糊壁纸。一般先裱糊靠近主窗处，方向与墙面平行。裱糊时将壁纸卷成一卷，一人推着前进，另一人将壁纸赶平，赶密实。推贴法胶粘剂宜刷在基层上，不宜刷在纸背上。

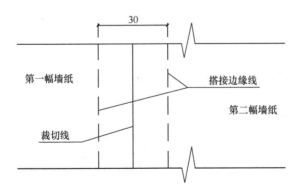

图 4-21 壁纸搭接

裱贴壁纸时，注意在阳角处不能拼缝，阴角壁纸应搭缝。阴角边壁纸搭缝时，应先裱糊压在里面的转角壁纸，再粘贴非转角的正常壁纸。搭接面应根据阴角垂直度而定，搭接宽度一般不小于 2cm，并且要保持垂直、无毛边。

② 金属壁纸裱糊施工

金属壁纸在裱糊前浸水 1～2min，将浸水的金属壁纸抖去多余水分，阴干 5～7min，再在其背面涂刷胶液。

由于金属壁纸的收缩量很少，在裱贴时可采用拼接裱糊，也可用搭接裱糊。其他要求与普通壁纸相同。

③ 麻草壁纸裱糊施工

a. 用热水将 20％的羧甲基纤维素溶化后，配上 10％的白乳胶，70％的 108 胶，调匀后待用。用量为 0.1kg/m²。

b. 按需要下好壁纸料，粘贴前先在壁纸背面刷上少许水，但不能过湿。

c. 将配好的胶液去除一部分，加水 3～4 倍调好，粘贴前刷在墙上，一层即可（达到打底的作用）。

d. 将配好的胶液加 1/3 的水调好，粘贴时在壁纸背面刷一遍，再在打好底的墙上刷一遍，即可粘贴。

e. 贴好壁纸后用小胶辊将壁纸压一遍，起到吃胶、牢固、去褶皱的目的。

f. 完工后再检查一遍，有开胶或粘不牢固的边角可用白乳胶粘牢。

④ 纺织纤维壁纸裱糊施工

a. 裁纸时，应比实际长度多出 2～3cm，剪口要与边线垂直。

b. 粘贴时，将纺织纤维壁纸铺好铺平，用毛辊蘸水湿润基材，纸背的润湿程度以手感柔软为好。

c. 将配置好的胶粘剂刷到基层上，然后将湿润的壁纸从上而下，用刮板向下刮平，不宜横向刮平。

d. 拼装时，接缝部位应平齐，纱线不能重叠或留有间隙。

e. 纺织纤维壁纸可以横向裱糊，也可竖向裱糊，横向裱糊时使纱线排列与地面平行，可增加房间的纵深感。纵向裱糊时，纱线排列与地面垂直，在视觉上可增加房间的高度。

⑤ 墙布裱糊施工

由于墙布无吸水膨胀的特点，故不需要预先用水湿润。除纯棉墙布应在其背面和基层同时刷胶粘剂外，玻璃纤维墙布和无纺墙布只需要在基层刷胶粘剂。胶粘剂应随用随配，当天用完。锦缎柔软易变形，裱糊时可先在其背面衬糊一层宣纸，使其挺括。胶粘剂宜用108胶。

a. 玻璃纤维墙布施工

玻璃纤维墙布基本上与普通壁纸的裱糊施工相同，不同之处如下：

玻璃纤维墙布裱糊时，仅在基层表面涂刷胶粘剂，墙布背面不可涂胶。

玻璃纤维墙布裱糊时，胶粘剂宜采用聚醋酸乙烯酯乳胶，以保证粘结强度。

玻璃纤维墙布裁切成段后，宜存放于箱内，以防止沾上污物和碰毛布边。

玻璃纤维不伸缩，对花时切忌横拉斜扯，如硬拉将使整幅墙布歪斜变形，甚至脱落。

如基层表面颜色较深时，可在胶粘剂中掺入适量的白色涂料，以使完成后的裱糊面层色泽无明显差异。

裁成段的墙布应卷成卷横放，防止损伤、碰毛布边，影响对花。

粘贴时选择适当的位置吊垂直线，保证第一块布贴垂直。将成卷墙布自上而下按严格的对花要求渐渐放下，上面多留3～5cm左右进行粘贴，以免因墙面或挂镜线歪斜造成上下不齐或短缺，随后用湿白毛巾将布面抹平，上下多余部分用刀片割去。如墙角歪斜偏差较大，可以在墙角处开裁拼接，叠接阴角处不必要求严格对花，切忌横向硬拉，造成布边歪斜或纤维脱落而影响对花。

b. 纯棉装饰墙布裱糊施工

在布背面和墙上均刷胶。胶的配合比为108胶：4%纤维素水溶液：乳胶：水＝1：0.3：0.1：适量。墙上刷胶时根据布的宽窄，不可刷得过宽，刷一段裱一张。

确定好首张裱贴位置和垂直线即可开始裱糊。

从第二张起，裱糊先上后下进行对缝对花，对缝必须严密不搭槎，对花端正不走样，对好后用板式鬃刷舒展压实。

挤出的胶液用湿毛巾擦干净，多出的上、下边用壁纸刀裁割整齐。

在裱糊墙布时，应在外露设备处裁破布面露出设备。

裱糊墙布时，阳角不允许对缝，更不允许搭搓，客厅、明柱正面不允许对缝。门、窗口面上不允许加压布条。

其他与壁纸基本相同。

c. 化纤装饰墙布裱糊施工

按墙面垂直高度设计用料，并加长 5～10cm。裁布应按图案对花裁取，卷成小卷横放盒内备用。

应选室内面积最大的墙面，以整幅墙布开始裱糊粘贴，自墙角起在第一、二块墙布间掉垂直线，并用铅笔做好记号，以后第三、四块等与第二块布保持垂直对花，必须准确。

将墙布专用胶水均匀地刷在墙上，不要满刷及防止干涸，也不要刷到已贴好的墙布上去。

先贴距墙角的第二块布，墙布要伸出挂镜线 5～10cm，然后沿垂直线记号自上而下放贴墙布卷，并用湿毛巾将墙布由中间向四周抹平。与第二块布严格对花、保持垂直，继续粘贴。

凡与墙角处相邻的墙布可以在拐角处重叠，其重叠宽度约为 2cm，并要求对花。

遇电器开关应将板面除去，在墙布上画对角线，剪去多余部分，然后再盖上面板使墙面完整。

用壁纸刀将上下端多余部分裁切干净，并用湿布抹平。

其他与壁纸基本相同。

d. 无纺墙布裱糊施工

粘贴墙布时，先将配好的胶粘剂刷于墙上，涂刷时必须均匀，稀稠适度，涂刷宽度比墙纸宽 2～3cm。

将卷好的墙布自上而下粘贴。粘贴时，上边应留出 50mm 左右的空隙，花纹图案应严格对好，不得错位；并用干净软布将墙布抹平填实，用壁纸刀裁去多余部分。

其他与壁纸基本相同。

e. 绸缎墙面粘贴施工

绸缎粘贴前，先用激光测量仪放出第一幅墙布裱贴位置垂直线。然后放出距地面 1.3m 的水平线，使水平线与垂直线相互垂直。水平线应在四周墙面弹通，使绸缎粘贴时，其花型与线对齐，花形图案达到横平竖直的效果。

墙面刷胶粘剂。胶粘剂可以采用滚涂或刷涂，胶粘剂涂刷面积不宜太大，应刷一幅宽度，粘一幅。同时，在绸缎的背面刷一层薄薄的水胶（水∶108 胶=4∶1），涂刷要均匀，不漏刷。刷水胶后的绸缎应静置 5～10min 后上墙粘贴。

绸缎粘贴上墙。第一幅应从不明显的阴角开始，从左到右，按垂线上下对齐，粘贴平整。贴第二幅时，花形对齐，用壁纸刀裁去多余部分。按此法粘贴完毕。最后一幅也要贴阴角处。凡花形图案无法对齐时，可采用取两幅叠起裁划的方法，然后将多余部分去掉，再在墙上和绸缎背面局部刷胶，使两边拼合贴密。

绸缎粘贴完毕，应进行全面检查，如有翘边可用白胶补好，有气泡应赶出，有空鼓（脱胶）可用针筒灌注胶水，并压实严密。有皱纹要刮平；有离缝应重新处理；有胶迹用洁净湿毛巾擦净，如普遍有胶迹时，应满擦一遍。

（5）成品保护

1）墙纸、墙布装修饰面已裱糊完的房间应及时清理干净，不得做临时料房或休息室，避免污染和损坏，应设专人负责管理，如房间及时上锁、定期通风、换气排气等。

2）在整个墙面装饰工程裱糊施工过程中，严禁非操作人员随意触摸成品。

3）暖通、电气、上下水管工程裱糊施工过程中，操作者应注意保护墙面，严防污染和损坏成品。

4）严禁在已裱糊完墙纸、墙布的房间内剔眼打洞。若因设计变更所致，也应采取有效措施；施工时要仔细，小心保护；施工后要及时认真修补，以保证成品完整。

5) 二次补油漆、涂浆及地面磨石、花岗石清理时，要注意保护好成品，防止污染、碰撞与损坏墙面。

6) 墙面裱糊时，各道工序必须严格按照规程施工，操作时要做到干净利落，边缝要切割整齐到位，胶痕要擦干净。

7) 冬期在供暖条件下施工，要派专人负责看管，严防发生跑水、渗漏水等事故。

(6) 质量要求

1) 主控项目

① 壁纸、墙布的种类、规格、图案、颜色和燃烧性能等级必须符合设计要求及国家现行标准的有关规定。

② 裱糊工程基层处理质量应符合设计要求。

③ 裱糊后各幅拼接应横平竖直，拼接处花纹、图案应吻合，不离缝、不搭接，不显拼缝。

④ 壁纸、墙布应粘贴牢固，不得有漏贴、补贴、脱层、空鼓和翘边。

2) 一般项目

① 裱糊后的壁纸、墙布表面应平整，色泽应一致，不得有波纹起伏、气泡、裂缝、褶皱及斑污，斜视时应无胶痕。

② 复合压花壁纸的压痕及发泡壁纸的发泡层应无损伤。

③ 壁纸、墙布与各种装饰线、设备线盒应交接严密。

④ 壁纸、墙布边缘应平直、整齐，不得有纸毛、飞刺。

⑤ 壁纸、墙布阴角处搭接应顺光，阳角处应无接缝。

4.5.3 软包工程

软包工程是建筑中精装修工程的一种，采用装饰布和海绵把室内墙面包起来，有较好的吸声和隔声效果，且颜色多样，装饰效果较好。

4.5.3.1 软包的分类

按软包面层材料的不同可以分为：平绒织物软包、锦缎织物软包、毡类织物软包、皮革及人造革软包、毛面软包、麻面软包、丝类挂毯软包等。

按装饰功能的不同可以分为：装饰软包、吸声软包、防撞软包等。

4.5.3.2　常用材料

软包常用材料见表 4-28。

软包常用材料　　　　　　　　　　　　表 4-28

序号	种类	材料	作用
1	龙骨	木龙骨、轻钢龙骨	基层龙骨制作、找平
2	基层板	胶合板（或密度板）（厚度一般为 9cm、12cm、15cm 等）	铺贴于龙骨上，作为固定软包的基层板材
3	底板及边框	胶合板、松木条、密度板	用于裱贴海绵等填充材料的底板及边框
4	内衬材料	海绵	软包的填充层，固定于底板与边框中间
5	面料	织物、皮革	软包的饰面包裹层
6	木贴脸	各种木饰面板、条（或密度板、条）	用于软包收边的木饰面装饰条

4.5.3.3　软包施工

（1）工艺流程

基层或底板处理→放线→套割衬板及试铺→计算用料、套裁填充料和面料→粘贴填充料→包面料→安装。

（2）施工准备

1）作业条件

① 水电、设备及墙上预留预埋件已完成。

② 房间的吊顶分项工程基本完成，并符合设计要求。

③ 房间的地面分项工程基本完成，并符合设计要求。

④ 对施工人员进行技术交底时，应强调技术措施和质量要求。

⑤ 调整基层并进行检查，要求基层平整、牢固，垂直度、平整度均符合细木制作验收规范。

⑥ 软包周边装饰边框及装饰线安装完毕。

2）测量放线

根据设计图纸要求，通过吊直、套方、找规矩、弹线等工序，把设计的尺寸与造型放样到墙面基层上，并按设计要求将软包挂墙套件固定于基层板上。

（3）基层处理

在做软包墙面装饰的房间基层（砖墙或混凝土墙），应先安装龙骨，再封基层板。龙骨可用木龙骨或轻钢龙骨，基层板宜采用 9～12mm 木夹板（或密度板），所有木龙骨及木板材应刷防火涂料，并符合消防要求。如在轻质隔墙上安装软包饰面，则先在隔墙龙骨上安装基层板，再安装软包。

（4）施工工艺

1）裁割衬板：根据设计图纸的要求，按软包造型尺寸裁割衬底板材，衬板厚度应符合设计要求。如软包边缘有斜边或其他造型要求，则在衬板边缘安装相应形状的木边框（图 4-22）。衬板裁割完毕后即可将挂墙套件按设计要求固定于衬板背面。

2）试铺衬板：按图纸所示尺寸、位置试铺衬板，尺寸、位置有误的须进行调整，然后按顺序拆下衬板，并在背面标号，以待粘贴填充料及面料。

3）计算用料、套裁填充料和面料：根据设计图纸的要求，进行用料计算、套裁填充材料及面料工作，同一房间、同一图案与面料必须用同一卷材料套裁。

4）粘贴填充料：将套裁好的填充料按设计要求固定于衬板上。如衬板周边有造型边框，则安装于边框中间。木边框内填充料见图 4-23。

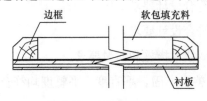

图 4-22　木边框节点图

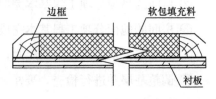

图 4-23　木边框内填充料

208

5）粘贴面料：按设计要求将裁切好的面料根据定位标志找好横、竖坐标，上下摆正粘贴于填充材料上部，并将面料包至衬板背面，然后用压条及钉子固定（图 4-24、图 4-25）。

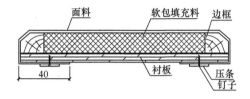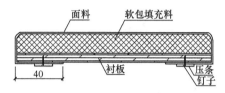

图 4-24　带边框软包节点图　　　　图 4-25　不带边框软包节点图

6）安装：将粘贴完面料的软包按编号挂贴或粘贴于墙面基层板上，并调整平直。

（5）成品保护

1）软包墙面装饰工程已完的房间应及时清理干净，不得做料房或休息室，避免污染和损坏成品，应设专人管理（不得随便进入、定期通风换气、排湿）。

2）在整个软包墙面装饰工程施工过程中，严禁非操作人员随意触摸成品。

3）暖卫、电气及其他设备等在进行安装或修理工作中，应注意保护墙面，严防污染或损坏墙面。

4）严禁在已完成软包墙面装饰房间内剔眼打洞。若因设计变更，也应采取可靠有效的措施，施工时要小心保护，施工后要及时认真修复，以保证成品完整。

5）二次修补油、浆工作及地面磨石清理打蜡时，要注意保护好成品，防止污染、碰撞和损坏。

6）软包墙面施工时，各项工序必须严格按照规程施工，操作时要做到干净利落，边缝要切割修整到位，胶痕及时清擦干净。

（6）质量要求

软包工程安装的允许偏差见表 4-29。

软包工程安装的允许偏差 表 4-29

项次	项目	允许偏差（mm）	检验方法
1	垂直度	3	用1m垂直检测尺检查
2	边框宽度、高度	0、-2	用钢尺检查
3	对角线长度差	3	用钢尺检查
4	裁口、线条接缝高低差	1	用钢直尺和塞尺检查

4.5.4 硬包工程

硬包工程是建筑中的精装修工程的一种，用装饰布、皮革把衬板包裹起来，再挂贴于室内墙面上，颜色多样，有较好的装饰效果。

4.5.4.1 硬包的分类

按硬包面层材料的不同可以分为：平绒织物硬包、锦缎织物硬包、毡类织物硬包、皮革及人造革硬包、麻面硬包等。

按硬包安装材料的不同可分为：木质硬包工程、塑料硬包工程、石材硬包工程。

4.5.4.2 常用材料

硬包常用材料见表 4-30。

硬包常用材料 表 4-30

序号	种类	材料	作用
1	龙骨	木龙骨、轻钢龙骨	基层龙骨制作、找平
2	基层板	胶合板（或密度板）（厚度一般为 9cm、12cm、15cm 等）	铺贴于龙骨上，作为固定硬包的基层板材
3	底板（衬板）	胶合板（或密度板）	用于裱贴面料的底板及边框
4	面料	织物、皮革	软包的饰面包裹层
5	配件	配套挂件、固定件	用于固定硬包
6	装饰线	各种材质的线条	用于硬包装饰收边

4.5.4.3 硬包施工

（1）工艺流程

基层或底板处理→吊直、套方、找规矩、弹线→裁割衬板及试铺→计算面料、套裁面料→粘贴面料→安装。

（2）施工准备

1）作业条件

① 混凝土和墙面抹灰完成，基层已按设计要求埋入木砖或木筋（如基层采用轻钢龙骨，则不需埋入木砖或木筋），水泥砂浆找平层已抹完并刷冷底子油（防潮剂）。

② 水电、设备及墙上预留预埋件已完成。

③ 房间的吊顶分项工程基本完成，并符合设计要求。

④ 房间的地面分项工程基本完成，并符合设计要求。

⑤ 对施工人员进行技术交底时，应强调技术措施和质量要求。

⑥ 调整基层并进行检查，要求基层平整、牢固，垂直度、平整度均符合细木制作验收规范。

2）测量放线

根据设计图纸要求，通过吊直、套方、找规矩、弹线等工序，把设计的尺寸与造型放样到墙面基层上，并按设计要求将硬包挂墙套件固定于基层板上。

（3）基层处理

在做硬包墙面装饰的房间基层（砖墙或混凝土墙），应先安装龙骨，再封基层板。龙骨可用木龙骨或轻钢龙骨，基层板宜采用 9～15mm 木夹板（或密度板），所有木龙骨及木板材应进行防火处理，并符合消防要求。如在轻质隔墙上安装硬包饰面，则在隔墙龙骨上安装基层板即可。

（4）施工工艺

1）裁割衬板：根据设计图纸的要求，按硬包造型尺寸裁割衬底板材，衬板尺寸应为硬包造型尺寸减去外包饰面的厚度，一般为 2～3mm（图 4-26），衬板厚度应符合设计要求。衬板裁割完毕后即可将挂墙套件按设计要求固定于衬板背面。

2）试铺衬板：按图纸所示尺寸、位置试铺衬板，尺寸、位置有误的须进行调整，然后按顺序拆下衬板，并在背面标号，以待粘贴面料。

3）计算用料、套裁面料：根据设计图纸的要求，进行用料计算、面料套裁工作，面料裁切尺寸需大于衬板（含板厚）40～50mm（图4-27）。同一房间、同一图案与面料必须用同一卷材料套裁。

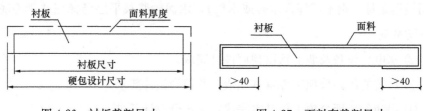

图4-26 衬板裁割尺寸   图4-27 面料套裁割尺寸

4）粘贴面料：按设计要求将裁切好的面料根据定位标志找好横竖坐标，上下摆正粘贴于衬板上，并将大于衬板的面料顺着衬板侧面贴至衬板背面，然后用压条及钉子固定（图4-28）。

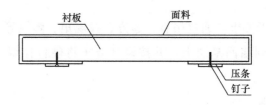

图4-28 面料固定

5）硬包板块安装：将粘贴完面料的板块（硬包）按编号挂贴于墙面基层板上，并调整平直，见图4-29。

（5）成品保护

1）硬包装饰工程已完的房间应及时清理干净，不得做料房或休息室，避免污染和损坏成品，应设专人管理（不得随便进入，定期通风换气、排湿）。

2）在整个软包墙面装饰工程施工过程中，严禁非操作人员随意触摸

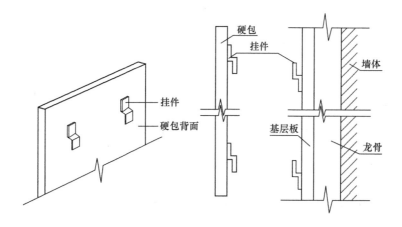

图 4-29　硬包安装

成品。

3）暖卫、电气及其他设备等在进行安装或修理工作中，应注意保护饰面，严防污染或损坏饰面。

4）严禁在已完成硬包装饰房间内剔眼打洞。若因设计变更，也应采取可靠有效的措施，施工时要小心保护，施工后要及时认真修复，以保证成品完整。

5）二次修补油、浆工作及地面磨石清理打蜡时，要注意保护好成品，防止污染、碰撞和损坏。

6）硬包墙面施工时，各项工序必须严格按照规程施工，操作时要做到干净利落，边缝要切割修整到位，胶痕及时清擦干净。

（6）质量要求

1）质量关键要求

① 硬包墙面所用纺织面料、衬板和龙骨、木基层板等均应进行防火处理。

② 木龙骨宜采用凹槽榫工艺预制，可整体或分片安装，与墙体连接应紧密、牢固。

③ 轻钢龙骨宜采用膨胀螺栓与墙体固定，龙骨间距应符合设计要求，与

墙体连接紧密、牢固。

④ 织物面料裁剪时应顺直，与衬板连接固定时应顺直、平整，无波纹起伏、无褶皱。安装时应紧贴墙面基层，接缝应严密，花纹应吻合，无翘边，表面应清洁。

⑤ 硬包布面与压线条、贴脸线、踢脚板、电气盒等交接处应严密、顺直、无毛边。电气盒盖等开洞处，套割尺寸应准确。

2）质量标准

① 硬包面料、衬板及边框的材质、颜色、图案、燃烧性能等级和木材的含水率，应符合设计要求及国家现行标准的有关规定。

② 硬包工程的安装位置及结构做法应符合设计要求。

③ 硬包工程的龙骨、衬板、边框应安装牢固，无翘曲，拼缝应平直。

④ 单块硬包面料不应有接缝，四周应绷压平直。

⑤ 硬包工程表面应平整、洁净，无凹凸不平及褶皱；图案应清晰、无色差，整体应协调、美观。

⑥ 硬包边框、线条应平整、顺直，接缝吻合。

4.6 细部工程施工技术

4.6.1 平台、楼梯栏杆施工技术

4.6.1.1 适用范围

适用于平台、楼梯栏杆和扶手的制作与安装。

4.6.1.2 施工流程

平台、楼梯栏杆施工工艺流程图见图 4-30。

（1）材料准备

不锈钢栏杆壁厚的规格、尺寸、形状应符合设计要求，一般壁厚不小于1.5mm，以钢管为立杆时壁厚不小于2mm；木制扶手一般用硬杂木加工成规

格成品，其树种、规格、尺寸、形状按照设计要求。木材本身应纹理顺直，颜色一致，不得有腐朽、节疤、裂缝、扭曲等缺陷。含水率不得大于12%。弯头材料一般采用扶手料，以45°断面相接。

进场的不锈钢管材、木制扶手堆放时应有垫木，防止表面损坏或变形。玻璃进场后，必须立靠在牢固的结构墙或专用的玻璃架子上，用绳子固定并做好防雨措施。玻璃栏板的厚度应符合设计要求，并采用厚度不小于12mm的钢化、夹胶玻璃，钢化玻璃应有出厂复试报告。

一般用聚酯乙烯（乳胶）等化学胶粘剂，胶粘剂中有害物质限量应符合国家规范要求。

（2）技术准备

1）图纸会检。会检应由公司各级技术负责人组织，一般按自班组到项目部、由专业到综合的顺序逐步进行。会检前参加人员应熟悉图纸，准备意见，并进行必要的核对。会检后，由现场施工技术负责人向现场各专业工种进行施工图纸交底。

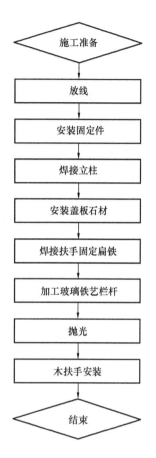

图 4-30 平台、楼梯栏杆
施工工艺流程图

2）技术交底。每项措施必须进行施工技术交底，技术交底内容要充实，具有针对性和指导性，全体参加施工的人员都要参加交底并签字，形成书面交底记录。

3）机具准备。电焊机、焊机、焊丝、抛光机、抛光蜡、电锤、切割机、云石机、手提电钻、刨子、中小木锯、锤子、斧头、钢锉、螺丝刀、方尺等。

（3）施工工艺做法

1）放线

按设计要求，将固定件间距、位置、标高、坡度进行找位校正，弹出栏杆纵向中心线和分格线。

2）安装固定件

按所弹固定件的位置打孔安装，每个固定件不得少于 2 个膨胀螺栓固定。铁件的大小、规格、尺寸以及焊接立杆应符合设计要求。

3）焊接立杆

焊接立杆与固定件应放出上、下两条立杆位置线，每根主立杆应先点焊定位，进行立杆垂直度检查之后，再分段满焊，焊接焊缝应符合设计要求及施工规范规定。焊接后应及时清除焊渣，并进行防锈处理。

护栏高度、栏杆间距、安装位置必须符合设计及施工规范要求，护栏安装必须牢靠。

4）安装石材盖板

地面为石材地面且栏杆处安装有整块石材时，立杆焊接后，应按照立杆的位置，将石材开洞套装在立杆上。开洞大小应保证栏杆的法兰盘能盖严。安装盖板时宜用水泥砂浆。固定石材，可加强栏杆立杆的稳定性。

5）焊接扶手或安装木扶手固定用的扁钢

采用不锈钢扶手时，焊接宜使用氩弧焊机焊接，焊接时应先点焊，检查位置间距、垂直度、直线度是否符合要求，在两侧同时焊满。焊缝一次不宜过长，防止钢管受热变形。

安装方、圆钢管立杆以及木扶手前，木扶手的扁钢固定件应预先打好孔，间距控制在 400mm 内，再进行焊接。焊接后，间距、垂直度、直线度应符合质量要求。

6）加工玻璃或铁艺

玻璃栏杆应根据设计要求及现场的实际尺寸加工安全玻璃。玻璃各边及阳角应抛成斜边或圆角，以防伤手。铁艺的加工、规格、尺寸造型应符合设计要求，根据实际尺寸编号（现场尺寸可小于实际尺寸 1～2mm）。

7）抛光

不锈钢管焊接时，表面抛光时应先用粗片进行打磨，如表面有砂眼不平处，可用氩弧焊补焊，大面磨平后，再用细片进行抛光。抛光处的质量效果应与钢管外观一致。栏杆抛光后成品见图4-31。

图 4-31　栏杆抛光后成品

方、圆钢管焊缝打磨时，必须保证平整、垂直。经过防锈处理后，焊接焊缝及表面不平、不光处可用腻子补平、补光。焊后打磨清理，并按设计要求喷漆。

8）木扶手安装

木扶手安装宜由下往上进行，首先预装起弯头，即先连接第一段扶手的折弯弯头，再配置中间段扶手，进行分段预装粘贴，操作温度不得低于5℃。

分段预装检查无误后，进行扶手与栏杆扶手的固定，栏杆上扁钢用木螺钉拧紧固定，固定间距控制在400mm以内。操作时应在固定点将扶手料钻孔，再将木螺钉拧入，不得用锤子直接钉螺母。利用扶手料粘拼的折弯处，如有不平顺应用细木锉锉平，找顺锉光，使其折角线清晰，坡角合适，弯曲自然，断

217

面一致。最后用木砂纸打光。木扶手成品见图4-32。

图4-32　木扶手成品

扶手安装的高度应符合规范要求，楼梯平直段扶手高度不低于1050mm。

（4）成品保护

1）栏杆扶手安装时，若地面石材已安装完毕，扶手施工时应做好成品保护，防止焊接火花烧坏地面石材。

2）木扶手安装完毕后，宜刷一道底漆，并应加以包裹，以免撞击损坏、受潮变色。玻璃栏板及不锈钢扶手应用木材加以保护，防止损坏。

（5）应注意的问题

1）栏杆、栏板：在安装固定件时，必须打眼安装在原结构上；如有石材钢骨架时，可与其焊接；栏杆与固定件焊接时，必须达到焊接的质量要求，并清除焊药，刷防锈漆处理；所使用的材质厚度必须符合国家现行标准的相关规定。

2）木扶手料进场，应存放在库内保持通风干燥，严禁在受潮情况下安装。

木扶手粘结见图 4-33。

图 4-33　木扶手粘结

3）螺母施工时钻眼方向应与扁铁固定件表面相垂直。

4）扶手底部开槽深度应一致，栏杆扁铁或固定件应平整，不得影响扶手接槎的平顺。

5）玻璃加工时四周应留 3mm 的倒边，阳角宜加装不锈钢护角。

（6）质量验评

1）护栏垂直度允许偏差≤2mm；

2）栏杆间距允许偏差≤3mm；

3）扶手直线度允许偏差≤4mm；

4）扶手高度允许偏差≤3mm。

（7）示范图片

栏杆安装成品见图 4-34。

图 4-34　栏杆安装成品

4.6.2　铁艺栏杆制作与安装

4.6.2.1　施工工艺流程

施工准备→放样→下料→焊接安装→打磨→焊缝检查→酸洗除锈→整体热浸镀锌（室外栏杆）、整体冷镀锌（室内栏杆）→补腻子并打磨→静电粉末喷涂→检验合格出厂→运输到现场→安装→实施成品保护措施。

铁艺栏杆见图 4-35。

4.6.2.2　铁艺栏杆制作

（1）制作准备

1）施工准备包括图纸、材料和施工工具的准备。

2）施工前应先进行现场放样，并精确计算出各种杆件的长度。

3）按照各种杆件的长度准确进行下料，其构件下料长度允许偏差为 1mm。

4）焊接安装

图 4-35　铁艺栏杆

① 焊接时应根据焊接材料选择合适的焊接工艺、焊条直径、焊接电流、焊接速度等,通过焊接工艺试验验证。

② 焊前检查坡口、组装间隙是否符合要求,定位焊是否牢固,焊缝周围不得有油污。否则,应选择三氯乙烯、苯、汽油、中性洗涤剂或其他化学药品用不锈钢丝细毛刷进行刷洗,必要时可用角磨机进行打磨,磨出金属表面后再进行焊接。

③ 焊接时构件之间的焊点应牢固,焊缝应饱满,焊缝金属表面的焊波应均匀,不得有裂纹、夹渣、焊瘤、烧穿、弧坑和针状气孔等缺陷,焊接区不得有飞溅物。

④ 清除焊渣,用钢丝轮清除钢材表面锈蚀。

⑤ 杆件焊接组装完成后,对于无明显凹痕或凸出较大焊珠的焊缝,可直接抛光。对于有凹凸渣或较大焊珠的焊缝则应用角磨机打磨,磨平后再抛光。抛光后必须使外观光洁、平顺,无明显的焊接痕迹。

⑥ 材料接口缝隙和材料表面缺陷但不影响机械强度,且无法用焊接工艺

处理的，可采用环氧树脂腻子弥补。

⑦ 金属表面油漆及防锈要求：生铁表面整体冷镀锌处理；表面喷 2 遍底漆，2 遍面漆。喷涂厚度均匀，无淋挂、起皱或起皮，色泽均匀，与样板核对一致。成品表面干净，无砂浆、油污污染。

（2）制作工艺技术要求

1）所有构件下料应保证准确，构件长度允许偏差为 1mm。构件下料前必须检查是否平直，否则必须矫直。

2）焊接时焊条或焊丝应选用适合于所焊接材料的品种，且应有出厂合格证。

3）焊接时构件之间的焊点应牢固，焊缝应饱满，焊缝表面的焊波应均匀，不得有咬边、未焊满、裂纹、焊瘤、烧穿、电弧擦伤、弧坑和针状气孔等缺陷，焊接区不得有飞溅物。如有漏焊，必须先清除焊渣后再进行补充焊接。

4）打磨平整光洁，不允许有焊渣、崩浅、毛刺或未打磨等情况；栏杆接缝应严密，不得有裂缝、翘曲、煅痕。

5）焊接完成后，应将焊渣敲净。

6）漆面平整均匀，不允许有色差、漏漆现象。表面平滑、均匀，不允许有皱纹、鼓泡、气孔、流挂、裂纹、夹杂物、划痕等缺陷。

7）栏杆高度、间距、安装位置应符合设计要求。栏杆之间竖向间距不大于 110mm，允许偏差不大于 3mm。栏杆竖向平面垂直度不大于 3mm，横向平面直线度不大于 4mm。栏杆高度允许偏差不大于 3mm。

（3）应注意的质量问题

1）尺寸超出允许偏差：对焊缝长宽、宽度、厚度不足，中心线偏移，弯折等偏差，应严格控制焊接部位的相对位置尺寸，合格后方可焊接。

2）焊缝裂纹：为防止裂纹产生，应选择适合的焊接工艺参数和焊接程序，避免用大电流，不得突然熄火，焊缝接头应搭接 10～15mm，焊接中不允许搬动、敲击焊件。

3）表面气孔：焊接部位必须刷洗干净，焊接过程中选择适当的焊接电流，降低焊接速度。

（4）铁艺栏杆安装

1）安装工艺流程

后加埋件法：安装预埋件→放线→安装立柱→扶手与立柱连接（针对木扶手工程）。

① 安装预埋件

后加埋件做法：采用膨胀螺栓与钢板来制作后置连接件，先在土建基层上放线，确定立柱固定点的位置；然后在安装基层上用冲击钻钻孔（安装基层有面砖和理石面层时，先使用专用理石钻头或水钻在面层上开孔后，用冲击钻钻孔）；再安装膨胀螺栓，螺栓保持足够的长度；在螺栓定位以后，将螺栓拧紧的同时将螺母与螺杆间焊牢，防止螺母与钢板松动。扶手与墙体面的连接也同样采用上述方法。

② 上述后加埋件施工有可能产生误差，因此，在立柱安装之前，应重新放线，以确定埋板位置与焊接立杆的准确性，如有偏差，及时修正。应保证立柱全部坐落在钢板上，并且四周能够焊接。

③ 焊接立柱时，需双人配合，一个扶住栏杆使其保持垂直，在焊接时不能晃动，另一人施焊，应四周施焊，并应符合焊接规范。

④ 木扶手安装（针对木扶手工程）

a. 找位与画线

安装扶手的固定件：位置、标高、坡度找位并校正后，弹出扶手纵向中心线；按设计扶手构造，根据折弯位置、角度，画出折弯或割角线；在栏板和栏杆顶面，画出扶手直线段与弯头、折弯段的起点和终点的位置。

b. 弯头配制

按栏板或栏杆顶面的斜度，配好起步弯头，一般木扶手，可用扶手料割配弯头，采用割角对缝粘结，在断块割配区段内最少要考虑 3 个螺钉与支承固定件连接固定。大于 70mm 断面的扶手接头配制时，除粘结外，还应在下面做

223

暗榫或用铁件铆固。

整体弯头制作：先做足尺大样的样板，并与现场画线核对后，在弯头料上按样板画线，制成雏形毛料（毛料尺寸一般大于设计尺寸约 10mm）。按画线位置预装，与纵向直线扶手端头粘结，制作的弯头下面刻槽，与栏杆扁钢或固定件紧贴结合。

c. 连接预装：预制木扶手须经预装，预装木扶手由下往上进行，先预装起步弯头及连接第一跑扶手的折弯弯头，再配上下折弯之间的直线扶手料，进行分段预装粘结，粘结时操作环境温度不得低于 5℃。

d. 固定：分段预装检查无误，进行扶手与栏杆（栏板）上固定件安装，用木螺钉拧紧固定，固定间距控制在 400mm 以内，操作时应在固定点处，先将扶手料钻孔，再将木螺钉拧入，不得用锤子直接打入。

e. 整修：扶手折弯处如有不平顺，应用细木锉锉平，找顺磨光，使其折角线清晰，坡角合适，弯曲自然，断面一致，最后用木砂纸打光。

2）技术要求

① 膨胀螺栓安装牢固，螺母（M10×100 或 M12×150）锁紧，不得有松动或未扭紧的情况。

② 埋件要与立柱焊接牢固。

③ 各阳台护栏，整体外观美观，安装统一协调。上下各阳台护栏、飘窗护栏、空调护栏应安装在同一条轴线上，偏差不得大于 10mm。

④ 栏杆与墙面、地面结合处打黑色耐候防水密封胶。

⑤ 木制扶手一般用硬杂木加工成规格成品，其树种、规格、尺寸、形状按设计要求。木材质量均应纹理顺直、颜色一致，不得有腐朽、节疤、裂缝、扭曲等缺陷；含水率不得大于 12%。弯头料一般采用扶手料，以 45°角断面相接，断面特殊的木扶手按设计要求备弯头料。

⑥ 木扶手应经过防腐药水浸泡、烘干及防变形处理；木制品成形后，经过打磨、抛光、表面涂刷木材环保专用漆，涂底漆两遍，中涂一遍，面漆两遍。木材边角均要求细致打磨，倒 5mm 圆角，表面光滑、无毛刺。长度大于

3m 时应分开设置。

（5）成品保护

1）运输过程中配件之间用非金属软质材料隔开垫好，应有效防止运输过程中因颠簸碰撞造成掉漆、变形、划伤等成品破坏问题。

2）钢质栏杆在运至现场及安装过程中，钢质构件表面均应用塑料布满包保护。

3）栏杆、竖杆、扶手运输过程中必须有防潮、防碰保护措施。栏杆暂时存放时应置于干净的户内，应水平或侧立于高度大于 200mm 的垫木上。

4）严禁使用油漆稀释剂、脱漆松香水、二甲苯、草酸等溶液擦拭金属表面；不得用金属工具铲擦喷塑表面，防止表面产生划痕。

（6）铁艺工程制作质量标准（表 4-31）

铁艺工程制作质量标准　　　　　　　　表 4-31

序号	项目	质量标准	检验方法	检查数量
1	楼梯扶手允许偏差	扶手水平弯曲矢高小于 8/1000；扶手侧弯曲矢高小于 8/1000	水平尺钢尺检查	全部
2	阳台栏杆固定高度	±10.0mm	观察钢尺检验	15%
3	栏杆立柱间距	±10.0mm	观察钢尺检验	15%
4	栏杆横杆间距	±10.0mm	观察钢尺检验	观察抽检 15%
5	栏杆立柱两端接头	错位、位移、扭转 ±3mm；轴线偏角 2°	直尺和角尺检查	抽检 10%，不少于 3 件
6	钢结构的顶紧面	顶紧接触面，不应小于 50%，且边缘最大间隙不大于 2mm/m	用钢尺和塞尺检查	抽检 10%
	白钢结构的顶紧面	顶紧接触面，不应小于 70%，且边缘最大间隙不大于 1.5mm/m	用塞尺检查	抽检 15%
7	外观质量	表面干净，构件表面无焊疤、泥沙等污垢	观察检验	观察抽检 10%，不少于 3 件

序号	项目	质量标准	检验方法	检查数量
8	焊接件质量	1. 焊工应考试合格； 2. 所有焊缝表面不得有裂纹、焊瘤、烧穿、弧坑等缺陷； 3. 要求同金属镀层的焊接方法或必须采用气体保护焊	观察检查，要求同金属镀层的焊接方法或必须采用气体保护焊	抽检10%
9	焊接外观质量	1. 焊缝外形均匀； 2. 焊道与基本镀层之间过渡平滑； 3. 焊渣与飞溅物清洁干净	每组焊缝，抽样5%	抽检10%
10	对接接头、对接焊缝余高	1. 埋弧自动焊：0～3mm； 2. 手工电弧焊及气体保护焊，平杆焊缝余高：0～3mm； 3. 其他焊缝余高：0～3mm	用焊缝量规检查	每批同类构件抽检10%
11	对接接头、对接焊缝错边	埋弧自动焊，手工电弧焊及气体保护焊，在任意300mm连续焊缝长度内，焊缝边缘沿焊缝轴线向的直线度（错边）：4mm	用焊缝量规检查	每批同类构件抽检10%
12	金属镀层材料表面净化处理	钢材酸洗后达到钢材表面全部呈铁灰色为止，并清洗干净，保证钢材表面无残余酸液存在	观察	抽查10%
13	除锈	钢材喷砂或手工除锈露出金属白为止，不得有黄色存在	观察	抽查10%

4.6.3 防撞扶手施工技术

4.6.3.1 工艺流程

定位画线→确定铝型材安装固定点打孔→铝型材上墙→安装防撞缓冲条→安装面板。

4.6.3.2 施工工艺方法

（1）定位画线

采用激光水平仪按照确定好的安装高度进行定位，用墨斗在确定好的位置上画出直线，确保安装平整。

（2）确定铝型材安装固定点打孔

1）测量出门套线之间墙体的距离，缩短200mm切割铝型材（例如：门套线之间的距离如果是1700mm，则确定铝型材的长度为1500mm进行切割）；

2）弯头外侧距第一个支座中心距为160mm，按照确定好的位置在铝型材上打孔；

3）铝型材打孔方法：在铝型材确定好的打孔位置上采用直径8mm麻花手枪钻头通过手枪钻开孔即可。

4）墙体长度为600～1000mm之间，支座固定点数量为2个，中心等距为280～680mm，按照确定好的位置在铝型材上打孔；

5）墙体长度为1000～1500mm之间，支座固定点数量为3个，中心等距为340～590mm，按照确定好的位置在铝型材上打孔；

6）墙体长度为1500～2000mm之间，支座固定点数量为4个，中心等距为393～560mm，按照确定好的位置在铝型材上打孔；

7）墙体长度为2000mm以上，支座固定点数量为5个以上，中心等距为600mm，按照确定好的位置在铝型材上打孔。

（3）铝型材上墙

将打好孔的铝型材两头插入收头式阴阳弯头及卡缝圈，采用直径6mm马车螺栓，通过梅花扳手紧固连接。

将安装好弯头的铝型材放入事先确定好的墙体位置，用记号笔在墙体上画出每个固定点，并在墙体上打好孔。

墙体打孔方法：在做好标记的位置上，先用金刚开孔钻头通过手枪钻，将玻化砖开出直径12mm的圆孔；然后采用直径8mm、长度100mm的麻花钻头，穿过玻化砖上的圆孔，将墙体基层打出深度为 40mm 的圆孔即可。

在打好孔的墙体内插入直径 8mm 塑胶胀栓，将支座用直径 5.5mm 的钻尾螺钉与铝型材打孔处进行连接，并用手枪钻将钻尾螺钉塞入塑胶胀栓紧固上墙即可。

（4）安装防撞缓冲条

铝型材中间部位设有缓冲条插槽，将缓冲条插入插槽中即可。

（5）安装面板

在已安装好的铝型材上量出两头弯头之间的距离，确定好面板的长度，将面板进行切割，并将切割好的面板由铝型材上边缘扣入，由上而下挤压面板直至面板完全扣入铝型材，最后收紧弯头完成安装。

4.6.3.3 防撞扶手固定点及安装节点做法

防撞扶手固定点规范说明如下：

1）扶手长度为 600～1000mm 之间，支座数为 2 个，中心等距为 280～680mm；

2）扶手长度为 1000～1500mm 之间，支座数为 3 个，中心等距为 340～590mm；

3）扶手长度为 1500～2000mm 之间，支座数为 4 个，中心等距为 393～560mm；

4）扶手长度为 2000mm 以上，支座数为 5 个，中心等距为 420mm 以上；

5）支座与支座中心距一般为 300～700mm，门边线距弯头外侧为 20mm，弯头外侧距第一个支座中心距为 160mm。

直线防撞扶手固定点示意图见图 4-36。

阳角防撞扶手固定点示意图见图 4-37。

固定点结构示意图见图 4-38。

防撞扶手总体安装示意图见图 4-39。

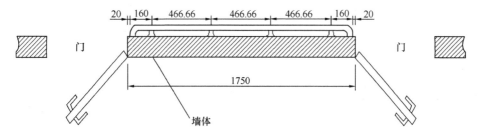

图 4-36 直线防撞扶手固定点示意图

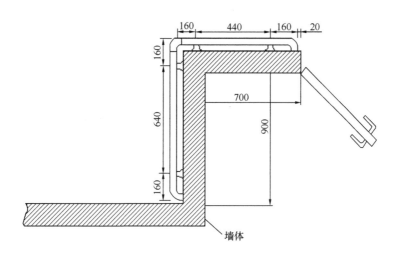

图 4-37 阳角防撞扶手固定点示意图

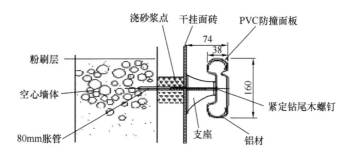

图 4-38 固定点结构示意图

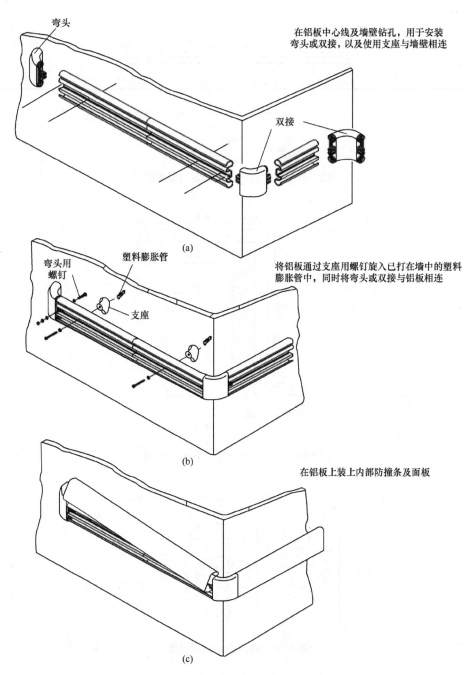

弯头

在铝板中心线及墙壁钻孔，用于安装
弯头或双接，以及使用支座与墙壁相连

双接

(a)

弯头用
螺钉

塑料膨胀管

支座

将铝板通过支座用螺钉旋入已打在墙中的塑料
膨胀管中，同时将弯头或双接与铝板相连

(b)

在铝板上装上内部防撞条及面板

(c)

图 4-39　防撞扶手总体安装示意图

4.6.4　木踢脚板施工技术

4.6.4.1　施工工艺流程

基层处理→木踢脚线制作→现场安装→收口清理。

4.6.4.2　施工方法与技术措施

（1）木踢脚板应在墙面找平并干燥后再安装，以保证踢脚板的表面平整。

（2）在墙内安装踢脚板的位置，每隔 400mm 打入木楔。安装前，先按设计标高将控制线弹到墙面，使木踢脚板上口与标高控制线重合。

（3）木踢脚板与地面转角处安装木压条或安装圆角成品木条。

（4）木踢脚板接缝处应做陪榫或斜坡压槎，在 90°转角处可做成 45°斜角接槎。

（5）木踢脚板背面刷水柏油防腐剂。安装时，木踢脚板要与立墙贴紧，上口要平直，钉接要牢固；用气动打钉枪直接钉在木楔上，若用明打钉接，钉帽要砸扁，并冲入板内 2～3mm；涂油漆时用腻子填平钉孔，钉子的长度是板厚度的 2.0～2.5 倍，且间距不宜大于 0.8m。

（6）油漆涂饰工作待室内一切施工完毕后进行。木踢脚板的油漆施工，应与其他木饰面层同时进行。房间内，油漆颜色与木饰面同色。这样有利于保证室内环境的整体协调，方便组织施工和成品保护。

4.6.4.3　质量要求

（1）木踢脚板应钉牢墙角，表面平直，安装牢固，不应发生翘曲或呈波浪形等情况。

（2）采用气动打钉枪固定木踢脚板，采用明钉固定时钉帽必须砸扁并打入板中 2～3mm，钉不得在板面留下伤痕。板上口应平整。拉通线检查时，偏差不得大于 3mm，接槎平整，误差不得大于 1mm。

（3）木踢脚板接缝处做斜边压槎，墙面阴、阳角处宜做 45°斜边平整粘结

231

接缝，不能搭接。木踢脚板与地坪必须垂直一致。

（4）木踢脚板含水率应按不同地区的自然含水率加以控制，一般不应大于18％，相互胶粘接缝的木材含水率相差不应大于1.5％。

4.6.5　窗帘盒安装技术

窗帘盒工程广泛应用于各种室内装饰工程，窗帘盒工程分为明装窗帘盒和暗装窗帘盒，暗装窗帘盒安装应与吊顶施工同时进行。本节以暗装窗帘盒为重点进行叙述。

4.6.5.1　材料准备

材料准备

（1）材料种类

一般采用红、白松及硬杂木干燥料。

镀锌 M8×100 膨胀螺栓、$\phi 8$ 的吊杆、螺杆、高强度镀锌自攻螺钉、J422电焊条、L30×30×3角钢。

其他零星材料如防火涂料、砂轮切割片、木方、钢钉、钻头等。

（2）材料要求及验收

木材及制品：一般采用红、白松及硬杂木干燥料，含水率不大于12％，并不得有裂缝、扭曲等现象；通常由木材加工厂生产半成品或成品，施工现场安装。

（3）材料的运输、储存及领用

板材在运输过程中应防止断裂、扭曲变形。

板材保存地址保持干燥清洁，防止遇水受潮。

材料计划由工长编制，进场时由工长、质检员、材料员共同验收。

现场材料由库管员进行保管，施工班组领取材料时根据限额领料单进行材料的领用。

4.6.5.2 主要机具设备（表 4-32）

主要机具设备

表 4-32

序号	工具名称	用途	使用人
1	小电动台锯	板块切割	木工
2	手电钻	板块安装	木工
3	水平管	测量放线	测量工
4	工程质量检测仪	质量检测	质量员

4.6.5.3 施工作业条件

有吊顶采用暗窗帘盒的房间，吊顶施工应与窗帘盒安装同时进行。

（1）施工工艺流程

测量放线→基层龙骨制作及安装→窗帘盒背面刷防火涂料 3 遍→安装窗帘盒并与龙骨连接→隐蔽验收→窗帘轨道安装。

（2）施工工艺方法

1）弹线、吊杆定位

按设计图要求进行中心定位，弹好找平线，找好构造关系。

根据吊杆位置打孔。

2）吊杆制作及安装

采用膨胀螺栓固定吊挂杆件，吊杆建议用全丝吊杆。

当吊杆长度大于 1500mm 时，应设置反支撑。

制作好的吊杆应做防锈处理，吊杆用膨胀螺栓固定在楼板上，用冲击钻打孔，孔径应稍大于膨胀螺栓的直径。

用膨胀螺栓将吊杆悬挂于楼板上，然后拧紧螺栓。

3）窗帘盒安装

先按水平线确定标高，画好窗帘盒中线，安装时将窗帘盒中线对准窗口中线，盒的靠墙部位要贴严，固定方法按设计。安装前窗帘盒要做防火处理。

4）隐蔽验收

上述工序经自检、互检、专检质量合格后，及时组织有关人员进行隐蔽工

233

程验收，并办理相应手续。

5）安装窗帘轨道

窗帘轨道有单轨、双轨或三轨之分，当窗宽大于 1200mm 时，窗帘轨道应断开煨弯错开，煨弯应成缓曲线，搭接长度不小于 200mm；明窗帘盒一般在盒上先安装轨道，如为重型窗帘，轨道应加机螺钉固定；暗窗帘盒应后安装轨道，重型窗帘轨道小角应加密间距，木螺钉规格不小于 30mm。轨道应保持在一条直线上。

（3）现场制作窗帘盒安装

1）施工工艺流程

定位与画线→制作窗帘盒→安装木龙骨固定件→安装窗帘盒→加固窗帘盒。

2）施工工艺做法

① 定位画线：应按设计图要求进行中心定位，弹好找平线，找好构造关系。

② 制作窗帘盒：根据设计尺寸进行裁板并组装窗帘盒。

③ 安装木龙骨固定件：依据定位线在结构墙面用电锤打孔，间距 600mm 以内，并下木楔，木楔应经过防火防腐处理；采用木螺钉固定通长木龙骨，根据窗帘盒进深尺寸在楼板处固定吊杆，吊杆间距 1000mm 以内，吊杆下端连接扁钢或吊挂件。

④ 安装窗帘盒：窗帘盒靠墙一侧用气钉及木螺钉与木龙骨固定，侧面与扁钢或吊挂件用木螺钉固定。

⑤ 加固窗帘盒：用木龙骨或型钢加斜支撑加固。

3）施工操作要点

木窗帘盒制品的树种、材质等级、含水率和防腐处理必须符合设计要求和《木结构工程施工质量验收规范》GB 50206—2012 的规定。

木窗帘盒及窗帘轨安装必须牢固、无松动现象。

窗帘杆的选材必须符合设计规定，支固件必须牢固。

4）质量通病及解决方案

① 质量通病

窗帘盒安装不平、不正：主要是找位、画尺寸线不认真，预埋件安装不准，调整处理不当。

窗帘盒两端伸出的长度不一致：主要是窗中心与窗帘盒中心相对不准，操作不认真所致。

窗帘轨道脱落：多数由于盖板太薄或机螺钉松动造成。

窗帘盒迎面板扭曲：加工时木材干燥不好，入场后存放受潮。

② 解决方案

安装前做到画线正确，安装量尺必须使标高一致、中心线准确。

安装时应核对尺寸，使两端长度相同。

一般盖板厚度不宜小于 15mm；薄于 15mm 的盖板应用机螺钉固定窗帘轨。

安装时应及时刷油漆一遍。

（4）质量标准

1）检验方法

参照《建筑装饰装修工程质量验收标准》GB 50210—2018 进行验收。

2）检查数量

每个检验批应至少抽查 3 间（处），不足 3 间（处）时应全数检查。

3）保证项目

① 主控项目

窗帘盒制作与安装所使用材料的材质和规格、木材的燃烧性能等级和含水率及人造木板的甲醛含量，应符合设计要求及国家现行标准的有关规定。检查方法：观察，检查产品合格证书、进场验收记录、性能检测报告和复检报告。

窗帘盒的造型、规格、尺寸、安装位置和固定方法必须符合设计要求，窗帘盒的安装必须牢固。检查方法：观察、尺量检查、手扳检查。

窗帘盒配件的品种、规格应符合设计要求，安装应牢固。检查方法：手扳检查，检查进场验收记录。

② 窗帘盒安装允许偏差（表 4-33）

窗帘盒安装允许偏差　　　　　　　　表 4-33

序号	检查项目	允许偏差（mm）	检查方法
1	水平度	2	用 1m 水平尺和塞尺检查
2	上口、下口直线度	3	拉 5m 线，不足 5m 拉通线，用钢直尺检查

4）成品保护

① 安装时不得踩踏散热器及窗台板，严禁在窗台板上敲击、撞碰以防损坏。

② 窗帘盒安装后及时刷一道底油漆，防止抹灰、喷浆等湿作业时受潮变形或污染。

③ 窗帘杆或钢丝防止刻痕，加工品应妥善保管，防止受潮造成变形。

4.6.6　窗台板施工技术

4.6.6.1　工艺流程

定位与画线→检查预埋件→支架安装→窗台板安装。

4.6.6.2　操作工艺

（1）定位与画线

根据设计要求及窗下框标高、位置，核对散热器的高度，对窗台板的标高进行画线，并弹散热器的位置线。为使同一房间的连通窗台板保持标高和纵、横位置一致，安装时应拉通线找平，使安装成品达到横平竖直。

（2）检查预埋件

找位画线后，检查固定窗台板或散热器的预埋件是否符合设计要求与安装的连接构造要求，如有误差应进行处理。

（3）支架安装

按设计窗台板支架和按构造需要设窗台板支架的，安装前应核对支架的高度、位置，根据设计要求与支架构造进行支架安装。

（4）窗台板安装（以木制窗台板为例）

在窗下墙顶面木砖处，横向钉上梯形断面木条（窗宽大于 1m 时，中间应以间距 500mm 左右加钉梯形木条），用以找平窗台板底线。窗台板宽度大于 150mm，拼合板面底部横向应穿暗带。安装时应插入窗框下冒头的裁口，两端伸入窗口墙的尺寸应一致，保持水平，找正后用砸扁钉帽的钉子钉牢，钉帽冲入木窗台板面 3mm。

4.6.7 水泥基渗透结晶型防水涂料施工要点

4.6.7.1 基面处理

基面要求牢固、干净，修补裂缝及漏洞，并且洒水湿润施工面，不得有明水。

4.6.7.2 配料

（1）配料配比：施工时严格控制水灰比，按照规定配比混合搅拌均匀。最好使用机械搅拌，使有效成分充分溶解。

（2）在加水范围内，平面施工可多加些，立面或斜面少加些，以免流淌。

（3）一次配料不要过多，以 20min 左右用完为宜。使用过程中，若涂料变稠，可加适量水调节，继续使用。若涂料硬化，则不能使用。

4.6.7.3 涂刷

（1）涂刷前要求基面砂浆混凝土充分润湿。

（2）可用辊子、刮刀或刷子涂刷，要求 2 遍施工，每遍用料可以相等。第二遍涂刷在第一遍涂层表干固化后即可进行。涂刷第二遍时，需洒水，使第一遍保持润湿、无明水，厚度尽量均匀，应避免漏刷。第二遍涂刷方向与第一遍相垂直。

（3）在平面或台阶处进行施工时须注意将水泥结晶渗透型防水涂料涂刷均匀，阴阳角处也要涂刷均匀，不能有过厚的沉积。

4.7 隔声降噪施工关键技术

4.7.1 噪声及声波的传播特点

使人烦恼，并破坏安静，能引起人们发怒的声音都可以称之为噪声。声波与光线一样可以屏蔽、聚焦和定向。墙体和间壁类型的障碍物，对声音的传播影响很大。其屏蔽原理在于声波的绕射，声波的绕射能力（绕过障碍物）取决于障碍物的尺寸与波长之间的关系。

声波场中质点每秒振动的周数称为频率，单位为 Hz。现代声学研究的频率范围为万分之一赫兹到十亿赫兹，在空气中可听到声音的声波波长为 17mm 到 17m，在固体中，声波波长的范围更大，比电磁波的波长范围至少大 1000 倍。声学频率的范围大致为：可听声的频率为 20～20000Hz，小于 20Hz 为次声，大于 20000Hz 为超声。

声波的传播与媒质的弹性模量、密度、内耗以及形状大小（产生折射、反射、衍射等）有关。声波强度常用易于测量的声压表示，称为声强级或声压级，单位是 dB。在声波传播途径中，采取声学控制手段，即消极处理，包括隔声、吸声、消声、阻尼减振等措施。

通过吸声可改变室内声场的特性，其主要作用是吸收室内的混响声，对直达声不起作用，降噪效果不好。吸声材料是多孔、疏散的材质，隔声则是以密质材料为主。隔声的主要作用是隔断声音从一个空间传播到另一个空间，防止噪声的干扰。隔声材料材质的具体要求是：密实无孔隙、有较大的重量。一般降噪处理都是吸、隔声相结合来治理，即运用隔声隔断外来的噪声及室内噪声传于室外，再用吸声调解室内的混响声。

4.7.2 酒店声学设计目标及标准

4.7.2.1 混响时间（声音能量在 500Hz 衰减 60dB 所需的时间）

混响时间是一个用来评估室内装修的吸声是否适合的指标，以获得最佳的语言清晰度。较短的混响时间相对会获得较佳的语言清晰度。

不同的房间会有与其容积相适应的混响时间（以中频计算），而人的数目可以改变建议的混响时间约 20%。

4.7.2.2 噪声标准

根据一般五星级酒店要求，提供由空调在正常操作情况下所产生的最大噪声标准，它使用噪声标准（Noise Criteria，NC）来描述。客房受外来的噪声侵扰不可高于背景噪声 8NC。空调系统引致的 NC 水平越高，间墙的隔声要求便会相应减少。这是由于空调声音提供了一个遮盖的保护作用，也由于开放空间，房间布置会影响最后结果，且考虑到房间本身的活动噪声较高，客房设计基于 NC30 标准。

4.7.2.3 室外噪声

噪声标准根据《声环境质量标准》GB 3096—2008 而定。环境噪声标准见表 4-34。

环境噪声标准   表 4-34

等效声级（dB）		
类别	白天	夜间
0	50	40
1	55	45
2	60	50
3	65	55
4a	70	55
4b	70	60

4.7.2.4 声音分隔

声音穿透等级（STC）是从实验室在完美的测试环境下取得的结果，而现场声音穿透等级（NIC）目的则是用来制定在施工现场的设计规范，实验室测试的数据被用来作为初步的设计比较。

4.7.3　材料选择对隔声量的影响

4.7.3.1　不同墙体的隔声效果

200mm 以上厚度的现浇实心钢筋混凝土墙的隔声量在 50dB，双面抹灰 20mm 砌块墙也接近此数据。单层条板隔墙通常厚度为 60～120mm，面密度一般小于 80kg/m²，隔声量通常在 32～40dB；预制夹芯条板墙的隔声量通常在 35～44dB。薄板复合墙是在施工现场将薄板固定在龙骨的两侧、中间填充岩棉或玻璃棉而构成的轻质墙体，如轻钢龙骨石膏板隔墙，其隔声量根据薄板层数及封板方式等隔声处理措施不同而达到 50dB 以上。轻钢龙骨石膏板隔墙施工便捷，综合造价不高，而且比较环保，日益成为室内间隔墙体的普遍选择。

4.7.3.2　隔声材料材质对隔声量的影响

根据建筑声学的"隔声质量定律"，即隔声量与构件单位面积的重量成正比，面密度每增加一倍，隔声量提高 4～5dB。选取密度较高的板材，将会获得更好的隔声效果。

以一种石膏板隔墙为例，双面 QC75 龙骨＋50mm 厚玻璃棉＋双层 12.5mm 普通纸面石膏板，隔声量为 52dB，如图 4-40 所示。

当将普通石膏板置换为高密度石膏板，则隔声量就可提高到 65dB。

MW 龙骨独特的形状可以有效减少声桥，从而提高隔声性能 3dB 左右，见图 4-41。

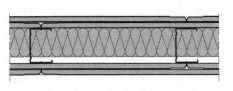

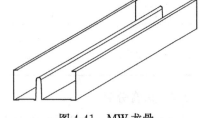

图 4-40　石膏板隔墙　　　　　　　　图 4-41　MW 龙骨

4.7.3.3 吸声材料

吸声是声波撞击到材料表面后能量损失的现象，吸声可以降低室内的声压级。例如，室内墙顶采用穿孔板饰面，板材穿孔后，小孔与板材自身及原建筑结构的面层形成了共振腔体，圆孔处的空气柱产生强烈共振，空气与孔壁剧烈摩擦，从而大量消耗声音能量，获得较大吸声能力。可以利用吸声顶棚、吸声墙板、空间吸声体进行吸声降噪。

墙体内填充的隔声材料主要有岩棉、玻璃纤维棉、矿棉，如果中间没有隔声棉，隔声效果将大打折扣。还有成品植物纤维吸声板，植物纤维内部多含微孔，具备较强的吸声性能，尤其是对 500Hz 以下的中低音，相对玻璃纤维，其吸声降噪效果更加明显。

4.7.4 提高隔声量的技术措施

（1）增加墙板层数。

当隔墙其他构造都相同时，将单层板改为双层板，隔声量会相应提高，见表 4-35。

单双层隔板隔声量对比 表 4-35

系统序号	隔墙图例	排板方式	龙骨宽度(mm)	板材	填充物	墙厚(mm)	面密度(kg/m²)	隔声量(dB)	耐火极限(h)
LQ26	龙骨间距	12+12	75	H	50mm 100kg/m³ 岩棉	99	29	47	1.0
LQ39	龙骨间距	12×2+12×2	75	P	50mm 100kg/m³ 岩棉	123	49	48	1.5

（2）加大墙内空腔和空气层的设置。

可采用双排隔声龙骨墙（图 4-42）加大墙体内空腔，如果隔声要求非常高，空间允许的情况下可以采用 3 层隔墙，龙骨选用特殊的隔声龙骨，双层岩棉。亦可采用双层墙构造，并在两层墙之间留一定空气层间隙，由于空气层的弹性层作用，可使总墙体的隔声量超过"隔声质量定律"。

（3）避免声桥的出现。

双层墙的空气层之间应尽量避免固体的刚性连接——声桥。若有声桥存在，将破坏空气层的弹性层作用，使隔声量下降。

错误的做法：机电线盒底盒背对背连接形成声桥（图 4-43）。

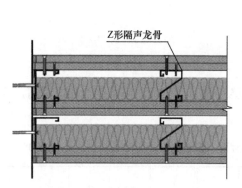

Z形隔声龙骨

图 4-42 双排隔声龙骨墙

图 4-43 机电线盒底盒背对背
连接形成声桥

正确的做法：在相邻的房间中，插座互相之间要有不少于 600mm 的背对背距离；如距离少于 600mm，插座底盒间必须以石膏板围堵来维持间墙的隔声量，见图 4-44。

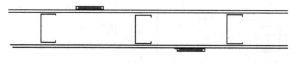

图 4-44 避免声桥的正确做法

（4）当要求增加墙的厚度或重量以满足耐火等要求时，尽量采用双层薄板叠合，里外板缝错开，不出现通缝，也不要用单层厚板。

（5）在板材和龙骨间加弹性条，即金属减振条或弹性材料垫（如改性沥青卷材、毛毡、玻璃棉毡条等），用于减少石膏板受到声压后引起的振动。

（6）缝隙处理。

因为声音可以穿过任何开口，在隔墙与结构楼板之间易出现缝隙，地面及侧墙的连接处预先放置弹性垫或用密封胶密封，避免声音传出传入，见图 4-45。

如有背靠背插座避免不了出现于相邻房间的间墙中，插座底盒可采取石膏板内嵌石膏封堵缝隙来维持间墙的隔声量，见图 4-46、图 4-47。

图 4-45　用密封胶密封缝隙　　　　　图 4-46　插座底盒缝隙处理图（一）

管道穿墙，应按规定要求处理，严禁用凿子或管头凿孔，避免缝隙透声。在隔声墙的空腔内安装尺寸较大的设备或管道时，应在空腔两侧同时设置吸声材料。

间墙上，所有板与板间、地台及吊顶接口之间都应加上连续性的填缝胶（图 4-48）。所有电线管道、线槽等通过间墙及电力插座边缘，都应加上隔声填缝胶。

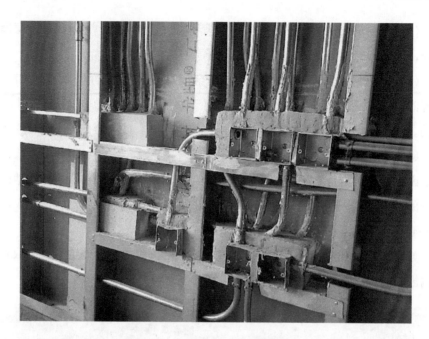

图 4-47　插座底盒缝隙处理图（二）

图 4-48　连续性的填缝胶

如果是多层式石膏板墙，所有石膏板之间应为交错连接。石膏板墙上的检修口位必须以发泡胶密封。因穿孔造成的缝隙，在 25mm 以下的，可使用玻璃棉或防火涂料密封。

4.7.5 地板、门及窗的隔声

4.7.5.1 浮筑地板

一般情况下，60％的居室噪声是通过墙壁传播的，40％的居室噪声是通过地面传播的，地面隔声也是保证室内声环境的主要因素。

浮筑地板系统可将地台微微升起，使地板与结构地面之间形成一道空气层，成为噪声、振动及撞击的有效绝缘层，大大改善楼层或房间的声音传导级别及撞击噪声等级，从而降低噪声、振动及撞击的影响。不同情况下会使用不同种类及设计的浮筑地板系统，再配合不同的浮筑地板提升幅度，以达到隔声、隔振及防撞击噪声的要求。

浮筑地板的大致施工流程是在结构基础面上布设专用减振器，按照设计要求间距布置好后，在减振块上铺设模板；模板可用木板和钢板，要求无缝隙，以免漏浆；模板铺设平整验收后，在上面布设钢筋，支侧面模板，浇筑混凝土地面；浮筑地板装饰面层可选用软木地板或铺设地毯，结构见图 4-49。

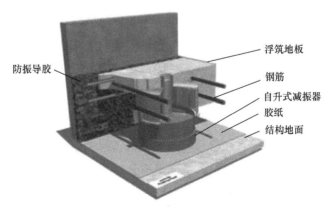

防振导胶

浮筑地板
钢筋
自升式减振器
胶纸
结构地面

图 4-49　浮筑地板结构示意图

4.7.5.2 门窗的隔声措施

门是隔声墙体上的薄弱环节，声波透射过门的途径主要是门扇和门缝，因此，要获得高隔声量的隔声门就必须从上述两方面着手。

星级酒店客房与客房之间连接门的基本标准为双层实心木门。可通过尽量增加门与门之间的空气层，并挂上软性吸声隔声帘来提升隔声效果，大概达到声音穿透等级 STC46 或以上。通过装配门框和门底隔声门条进一步提升隔声效果，门扇与门框之间的缝隙，应用海绵橡皮条等弹性材料嵌入门框上的凹槽中，粘牢卡紧。海绵橡皮条的截面尺寸，应比门框上的凹槽宽度大 1mm，并凸出框边 2mm，保证门扇关闭后能将缝隙处挤紧打严。

更为专业的选择是隔声门，其是防止外部噪声传入建筑物内和建筑物内的高噪声向外传出的一种降噪措施，通过专门设计和制作安装的建筑隔声构件。隔声门多为钢质门，这种钢质门由两块面板之间放入网状钢制肋条构成，门体空腔中填充隔声材料（玻璃布包超细玻璃棉或岩棉制品或是蜂窝状结构的纸基），隔声材料密度控制在 $50\sim100kg/m^3$。门四周均用橡胶条密封，保证其声音穿透等级 STC40 以上。

塑钢门窗的密封性能好，保证了隔声效果。多为耐候性和光照稳定性好的白色或灰色 PVC 型材，但也出现了彩色型材，装饰设计更有自由发挥的空间，更具个性化。

窗玻璃选用的中空玻璃是由两层或多层平板玻璃构成，四周用高强度气密性好的复合胶粘剂将两片或多片玻璃与窗框或橡皮条粘合，密封玻璃之间留出空间，充入惰性气体以获取优良的隔热隔声性能。由于玻璃间内封存的空气或气体传热性能差，因而产生优越的隔声效果。中空玻璃还可以在夹层摆入不同的窗花，做出特殊的装饰效果。

也可选用夹层玻璃，其在两片或多片玻璃之间夹上 PVB 中间膜。PVB 中间膜能减少穿透玻璃的噪声数量，降低噪声分贝，达到隔声效果。

4.7.6　机电设备、管线的降噪措施

4.7.6.1　主要噪声源

空调机房、水泵房及水管路中央空调机房主要噪声源有以下几点：空调主机及压缩机噪声；轴流排风机噪声；循环水泵噪声；设备基础支撑与地面、管路与墙面及顶棚刚性连接所产生的共振噪声；进出水管中水流及摩擦产生的噪声。解决方法主要有：

（1）墙面及吊顶做吸声处理，如在结构面或吊顶面上安装成品吸声板，或吊顶板上方加设玻璃棉吸声层，吊杆做弹性连接处理。

（2）机房门窗使用隔声门窗。

（3）空调主机及水泵等脚座安装阻尼弹簧减振器。

（4）机房内管路进行悬空处理，安装阻尼弹簧吊架减振器，见图4-50。

（5）增加静压箱，降低风机盘管的噪声。

（6）进出水管安装单球式双球橡胶软接头。

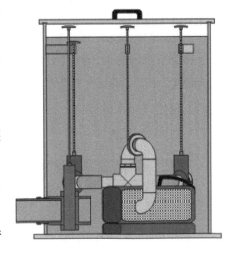

图4-50　阻尼弹簧吊架减振器悬空管路

（7）管道内水流及摩擦噪声较大时，需用隔声毯等隔声材料对管道进行隔声处理。

4.7.6.2　电梯噪声控制

电梯的噪声主要表现为低中频振动，它的传播方式是以振动形式为主，是通过固体传递的。因此，常规的加隔声棉、加隔声板一般无法隔断噪声的传动。由于噪声的音源是由电梯发出，因此唯一的解决办法是通过增加降噪减振层以隔断声音的传播，通常需要专业厂家处理。

5 工程案例

5.1 北京湖湾酒店

5.1.1 工程简介

湖湾酒店室内装饰工程位于北京市昌平区北七家镇宏福创业园，该建筑总层数为地上 15 层，在 2、3 层之间设有设备层，地上自然层为 16 层、地下 2 层。该工程建筑面积约 58786.54m²，建筑总高 59.65m。湖湾酒店外立面见图 5-1，酒店餐厅见图 5-2。

图 5-1　湖湾酒店外立面

图 5-2　湖湾酒店餐厅

5.1.2　工程特点及难点

（1）该工程主要为1～15层室内装饰装修，工程体量大，造价高。

（2）现场条件复杂，装饰进场时土建工程刚上到10层，且室内二次结构均未施工，机电管线也没有按时预埋，造成进场后在短暂的施工时间内存在大量的穿插工种，整个施工期各专业的配套施工与装饰施工同时穿插进行。

（3）大堂、餐厅设计档次较高，装饰做法复杂，技术含量高。

5.2　大连远洋酒店

5.2.1　工程简介

该工程地处大连市友好广场（商业中心区），分为A、B座，其中A座为酒店（地上48层，地下4层），B座为写字楼，总建筑面积为138967.9m²，钢筋混凝土结构，竣工消防验收合格。该装饰工程为公共区域 4、5 层，客房部分 23～29 层、31～35 层，其中 30 层为设备层，装饰面积约为 16000m²，合同造价为 10500 万元，经济指标约为 6500 元/m²。酒店拥有全城空间最大的客房（均超过 50m²）。每层 14 个布局各异的房间，配有家具，墙面粘贴高档壁纸，床屏为高档软包，吊顶为乳胶漆饰面。卫生间墙、地面均为雅士白石材。大连远洋酒店外立面见图 5-3，总统套房见图 5-4，会议室见图 5-5，餐厅见图 5-6。

图 5-3　大连远洋酒店外立面

图 5-4　大连远洋酒店总统套房

图 5-5　大连远洋酒店会议室

图 5-6　大连远洋酒店餐厅

5.2.2　工程特点及难点

（1）吊顶施工复杂

该工程吊顶施工复杂，放线困难。施工时，要根据现场尺寸配合专业厂家重新编制排板图，进行加工。餐厅造型吊顶的数量很多，现场制作很困难，需要联系相关专业厂家进行加工。

（2）高空作业

该工程部分区域属于高空作业，且顶棚施工需搭设脚手架，施工期间的高空安全措施是安全管理的重点之一。

高空部位的吊顶、墙面施工，必须充分考虑安全作业及施工质量。

5.3   瀑布精品酒店

5.3.1   工程简介

　　瀑布精品酒店位于深圳市东部华侨城，施工面积为 14550m²，装饰工程造价为 9000 万元。该酒店主楼客房及客房卫生间的地面、双曲面墙面、异形顶棚、异形多功能浴缸都采用白色人造石作为装饰材料，客房走廊一侧发光墙体采用了单曲面白色透光人造石。该瀑布精品酒店在人造石的整体装饰下，为客人淋漓尽致地展示了曲线美、通透美、整体美，让客人通过其视、听、味、触觉体验到新奇、梦幻、超现实等感受。瀑布精品酒店外景见图 5-7，酒店大堂见图 5-8，客房卧室见图 5-9，餐厅一角见图 5-10，客房走廊见图 5-11、图 5-12。

图 5-7　瀑布精品酒店外景

图 5-8 瀑布精品酒店大堂

图 5-9 瀑布精品酒店客房卧室

图 5-10　瀑布精品酒店餐厅一角

图 5-11　瀑布精品酒店客房走廊（一）

图 5-12　瀑布精品酒店客房走廊（二）

5.3.2　工程特点及难点

（1）异形人造石造型的深化设计及加工图制作。

（2）测量放线、现场定位放样。

（3）异形整体人造石的建模及加工。

（4）龙骨结构的制作安装。

5.4　上海裕景大酒店

5.4.1　工程简介

上海裕景大酒店位于繁华的浦东陆家嘴金融贸易区，是一家五星级酒店，毗邻东方明珠、金茂大厦。上海裕景大酒店有 399 间豪华的客房和套房。从客房的落地窗可欣赏到美丽的市景。此外，酒店设有裕景宴会厅和 10 间规格不同的多功能会议室，可满足不同商务会议的需求；酒店设有完善的健身中心、蒸汽房、桑拿室、按摩池、室内游泳池等休闲设施。上海裕景大酒店外景见图 5-13，酒店大堂见图 5-14，客房卧室见图 5-15，宴会厅见图 5-16，西餐厅见图 5-17。

图 5-13　上海裕景大酒店外景

图 5-14　上海裕景大酒店大堂

图 5-15　上海裕景大酒店客房卧室

图 5-16　上海裕景大酒店宴会厅

图 5-17　上海裕景大酒店西餐厅

5.4.2　工程特点及难点

（1）深化设计

由于该工程施工面积很大，现有施工图纸不能包含所有专业的细节。所以须对现场进行具体测量，根据具体部位进行深化和细化设计，并与酒店管理公司及设计师沟通确定。

深化设计时，必须考虑到其他专业，特别是电气、照明、空调、消防专业的管道施工空间，灯具、风口等设备的安装位置等，作出综合平面图，这样方能加快施工进度、保证最终的装饰效果。

（2）标高控制

该工程的施工面积很大，所以总体标高控制非常重要。需根据现场实际情况对各部位空间进行水平标高的复核，并要充分与其他标段的施工单位进行配合，做到标高统一。将标高复核结果提供给其他相关单位（如电梯、外门窗、消防空调等）。

5.5 苏州独墅湖会议酒店

5.5.1 工程简介

苏州独墅湖会议酒店坐落于新兴的苏州城市副中心——苏州工业园区月亮湾北端独墅湖高教区辖区内，是园区首家五星级标准的会议休闲特色酒店。酒店规划采用了最新颁布的五星级酒店各项标准，是国内一流的五星级会议酒店。项目总建筑面积 6.03 万 m^2，总投资估算为 5.9 亿元。苏州独墅湖会议酒店主楼大堂见图 5-18，宴会厅见图 5-19，主楼标准客房卫生间见图 5-20，主楼标准客房见图 5-21，主楼西餐厅见图 5-22。

图 5-18 苏州独墅湖会议酒店主楼大堂

图 5-19 苏州独墅湖酒店会议宴会厅

图 5-20 苏州独墅湖酒店会议主楼标准客房卫生间

图 5-21　苏州独墅湖会议酒店主楼标准客房

图 5-22　苏州独墅湖会议酒店主楼西餐厅

5.5.2 工程特点及难点

（1）施工工期短

该工程的工期为 120 日历天，施工内容比较繁杂，材料品种多，施工面积大，所以工期十分紧张。

（2）多专业配合

该工程属于多专业、多单位施工项目，除了精装饰专业外，其他如暖通、消防、弱电等均由其他专业负责。所以，除需要在施工过程中与其他专业充分配合外，还需要给其他后续作业单位提供作业时间。

（3）材料品种多，采购困难

该工程施工内容复杂，采用了大量的不同材料，给材料的采购工作带来一定的困难。

（4）卫生间造型复杂

该工程的卫生间造型比较复杂，石材品种多，而且加工方法不同，是施工质量控制的重点。

（5）客房木地板用量大

本工程木地板用量大，需提早订货。施工时需重点控制地板完成面与其他材料的标高一致。

5.6 中海康城大酒店

5.6.1 工程简介

中海康城大酒店项目为深圳世界大学生运动会的配套项目，位于龙岗体育新城大运会主竞赛场馆区域。体育新城位于龙岗中心城西片区，规划面积 $14.77km^2$——集居住、体育、会展、教育、高新产业多种功能于一体的示范新区。

中海康城大酒店项目紧邻大运主会场,中海康城大酒店项目用地面积为20657.34m^2,建筑容积率≤2.9,建筑覆盖率≤35％(约7200m^2),绿地率为30％,建筑呈塔楼设计,形成大运中心高度地标。

中海康城大酒店是商务会议与娱乐休闲相结合的五星级酒店。酒店商务设施齐全,具有举办大型会议、新闻发布会等大中型会议的能力,地理位置优越,拥有功能齐全的娱乐设施。酒店自身客房数为300~350间,酒店配套服务式公寓64套,裙房设置独立商业区约14000m^2。酒店由国际知名酒店管理集团进行管理。

中海康城大酒店以西班牙风格为母体,在体现西班牙豪华宫廷风格的同时,也融入了诸多西班牙风情元素,使其成为奢华与风情的双重交响曲。外立面设计着重突出整体的层次感和空间表情,通过空间层次的转变,打破传统立面的单一和呆板,其节奏、比例、尺度符合数学美。西班牙风格的最大特点是在建筑中融入了阳光和活力,采取更为质朴、温暖的色彩,使建筑外立面色彩明快,既醒目又不过分张扬。中海康城大酒店一层大堂见图5-23,卧室见图5-24,宴会厅见图5-25。

图5-23 中海康城大酒店一层大堂

图 5-24 中海康城大酒店卧室

图 5-25 中海康城大酒店宴会厅

5.6.2　工程特点及难点

中海康城大酒店项目装修区域为酒店裙楼的公共部分,装修面积约20000m²。石材使用面积约7200m²,其中拼组式石材拼花约占3050m²,这些石材拼花主要使用在酒店的大堂、电梯厅、卫生间及公共走廊等空间的地面。在这些石材拼花中,拼花的种类及不同规格就有30多种,而且花案复杂。其主要施工难点如下:

(1) 拼花石材的加工。

(2) 使石材拼花分块合理化,降低材料损耗。

(3) 提高产品的加工与施工质量。

(4) 拼花石材的安装。

5.7　无锡君来洲际酒店

5.7.1　工程简介

该工程由一幢36层的酒店办公商业综合楼及相应的配套设施组成,总建筑面积约113000m²。酒店300余间舒适客房及套房全部从22层起,在房内即可尽览太湖广场和京杭大运河的迷人景致。新古典主义设计风格搭配江南丝绣装饰的床头板,细致典雅。6间风格迥异的餐厅,4800m²的会议及宴会专属区域,重新定义无锡奢华体验新高度。无锡君来洲际酒店外立面见图5-26,入口大堂见图5-27,多功能厅见图5-28。

5.7.2　工程特点及难点

(1) 整体工程移交时间确定,工期紧迫,需要多种措施保证工期进度。

图 5-26　无锡君来洲际酒店外立面

（2）工程地点处于无锡繁华市区，紧邻无锡市人民大会堂，对于文明施工要求极高。

（3）工程规模较大，涉及材料、工艺繁杂，深化设计工作量较大，必须完善设计图纸，才能达到施工要求。

（4）专业施工工种多，空间与时间交叉多，现场协调工作量大、难度大。

（5）新工艺、新材料的运用使设计出彩，无疑为施工带来难度。

（6）工程所涉及的石材及半成品材料（如玻璃、成品木饰面等材料）种类

图 5-27　无锡君来洲际酒店入口大堂

图 5-28　无锡君来洲际酒店多功能厅

多、数量大，对于材料货源组织及质量监控造成不小难度。

（7）施工面积大，施工单位多，电梯运输非常紧张，材料的组织运输是影响工程施工进度的关键。

5.8 北京燕京饭店

5.8.1 工程简介

该工程所处位置在北京市西城区三里河路，紧邻长安街繁华商业区。建筑规模 56300m²，地下 3 层（原主楼地下 2 层），地上部分原主楼和新建主楼为21 层，裙楼 4 层。该工程是集餐饮、会议、娱乐及客房于一体的综合楼，其中新主楼及原主楼 9～17 层为客房部分。

客房的主要做法为顶面采用石膏板造型吊顶，灯池部位采用定做成品石膏线制作，面层采用立邦漆涂刷。墙面做法分为壁纸及木饰面，木饰面采取场外加工半成品、场内安装的方式，所有面层油漆均在场外完成。地面施工做法主要有石材地面及地毯地面。北京燕京饭店外立面见图 5-29。

5.8.2 工程特点及难点

该工程施工的主要特点为采用大量的石材饰面。天然石材饰面的优点是空间感强、大气。但天然石材饰面施工往往存在以下通病：石材之间存在色差，石材接缝存在高低差，石材空鼓率高。

防治石材施工上述通病的措施有：

（1）加强石材加工的管理，确保板材厚度平整、均匀，符合规范要求。板材出厂时，严把质量关，同时根据色差均匀地把产品分为若干色段，按顺序做上记号。

（2）板材必须按规定堆放在阴凉处，所处的环境温度、湿度不得产生急剧变化，严禁露天堆放在阳光下。板材不能水平叠放，只能垂直方向一块靠一块

图 5-29　北京燕京饭店外立面

（块之间有软垫片）并用强度足够的包装保护。

（3）对管理人员和施工人员进行严格挑选，并统一进行技术交底和培训。

（4）组织专门的质量验收小组，对进入工地的板材进行严格验收。把板材按色差分成 3 个色级并进行编号。根据工程各个区域的重要程度，进行分区使用。

（5）板材施工前必须进行试铺。在同一色段内再进行色差小调整，使之均匀、顺接，对高低差大、色斑、色淡、超标的板材进行调整。

（6）采用双人吸盘的方法将板材平面同时铺放在砂浆上，均匀着落。

（7）用橡皮锤敲击板材时，应用方形长条软木垫在板材上，锤击垫木时，锤击点应均匀、分散、力度适中。

（8）在铺干硬性砂浆层之前，应对地面基层进行清理并刷一层素水泥浆，也可以适当使用胶粘剂，减少空鼓。

（9）加强成品养护和保护，板材铺完并自检合格后，应覆盖塑料膜进行养护，既可以防止明水流入板缝底，又可以在早期防止水分蒸发，加快砂浆强度发展，降低早期变形，7d内严禁上人走动。

5.9 广州西塔酒店

5.9.1 工程简介

广州西塔酒店项目总用地面积 31084m²，总建筑面积约 44.8 万 m²，其中地下室 4 层、主塔楼 103 层。

酒店区域及写字楼大堂精装修工程含地下室电梯厅、宴会厅（图 5-30）、酒店抵达大堂、公共区域楼层、客房楼层及写字楼大堂装修工程，总装修面积约 59350m²。

图 5-30 广州西塔酒店宴会厅

5.9.2 工程特点及难点

该工程施工体量大，施工内容多，建筑高度高，垂直运输难度较大。走廊玻璃栏杆施工、塔楼中庭 99～100 层悬挑楼梯施工难度大，安全要求高。70 层大堂户型三角石材地面及旋转楼梯施工测量放线和施工技术难度极大。主塔楼 70 层、71 层、72 层、99 层、100 层钢管混凝土柱包 GRG 板施工，卫生间、淋浴间等防水施工，楼梯栏杆及面层装修施工难度较大。主要应用施工技术包括：

1) GRG 强铸型石膏板柱面挂板进行工厂化加工成品安装施工；

2) 铝板喷木纹漆材料加工工艺的研究与应用；

3) 木饰面喷钢琴漆墙面挂板进行工厂化加工成品安装施工；

4) 70 层大堂大面积异形石材拼花地面施工；

5) 71～73 层走廊玻璃栏杆测量放线定位的施工；

6) 99～100 层空中悬挑楼梯施工；

7) 客房层内隔振地台施工；

8) 镀锌角钢龙骨外挂钢丝网抹灰隔墙施工；

9) 超五星级酒店鲁班奖质量及进度控制方法；

10) 超五星酒店精装修工厂化、产业化制作安装成套施工技术。

5.10 天津津门酒店

5.10.1 工程简介

天津津门酒店坐落于天津市和平区滨河游览路北侧。该酒店总建筑面积约为 25 万 m^2，津门酒店的设计理念来源于中国古典门式建筑，类似建筑形式有巴黎拉德芳斯金融商业区中心的新凯旋门，造型好像一个挖空的正方体，象征开放的天津走向世界。酒店地上 17 层，地下 3 层，其中地下 1 层是宴会厅，

4～14 层为客房，1～3 层是大堂、餐饮、会议等功能区域。天津津门酒店外立面效果图见图 5-31，客房效果图见图 5-32，大堂效果图见图 5-33。

图 5-31　天津津门酒店外立面效果图

图 5-32　天津津门酒店客房效果图

图 5-33　天津津门酒店大堂效果图

5.10.2　工程特点及难点

　　项目装饰施工最大的特点是大量不锈钢饰面及不锈钢装饰条的应用，包括地面石材镶嵌弧形不锈钢装饰条，地面地毯不锈钢装饰条收口收边处理，墙面不锈钢条收口及斜向不锈钢装饰条安装，墙面木饰面以及木门镶嵌倾斜不锈钢装饰条等。特别是墙木饰面及木门饰面板镶嵌交叉倾斜的不锈钢装饰线条对装饰施工的工艺提出极高的要求，装饰效果非常鲜明。

5.11　天津宏天成喜来登酒店

5.11.1　工程简介

　　该工程坐落于天津经济技术开发区第二大街与新城西路交口处，总建筑面积为 41048.8m²，结构形式为框架结构，功能包括：大堂、客房、餐厅、会议、休闲活动、设备用房、地下车库及相关的综合服务用房等。天津宏天成喜来登酒店外立面效果图见图 5-34，游泳池效果图见图 5-35。

图 5-34　天津宏天成喜来登酒店外立面效果图

图 5-35　天津宏天成喜来登酒店游泳池效果图

5.11.2　工程特点及难点

外装修主要为珊瑚红大理石和铝合金玻璃窗搭配，色彩鲜明，极具特色。

内精装修主要面层装饰材料有：

1）地面：石材、地毯为主，玻璃点缀。

2）墙面：石材、木饰面、艺术玻璃为主，软包、硬包搭配。

3）顶面：木饰面、铝格栅、乳胶漆为主，辅以石材、金箔、银箔、玻璃黑镜搭配。

4）不锈钢栏杆玻璃扶手。整个设计沉稳庄重，简约大方而不失现代感。

该工程外装施工难点为窗边石材收口和弧形外檐石材干挂及大面积石材色差与光洁度控制。经过项目全体员工精心策划、精密控制和实施，达到五星级酒店装修标准，得到业内人士的一致好评。

内装标间套房主要施工难点为标间套房卫生间石材干挂及湿区石材灌浆处理，因原墙面为增压轻质砂加气混凝土砌块，承力效果不好，项目部最后采取了挂件铜丝共用，配合以水泥砂浆固定，很好地解决了防水和牢固等要求。大堂及公共区域的施工难点为圆形柱面石材分割与干挂、电梯厅顶面石材干挂、双面弧形及椭圆形吊顶处理等。

5.12 杭州悦榕庄酒店

5.12.1 工程简介

杭州悦榕庄酒店别墅精装修工程位于杭州天目山路、紫金港路,项目包括别墅群、白云餐厅、总统套房装修等。施工内容包括榆木饰面造型吊顶,金箔、墙纸、木格栅组合,花岗石铺贴、羊毛地毯铺贴等。杭州悦榕庄酒店室内装饰效果图见图 5-36,吊顶效果图见图 5-37。

图 5-36 杭州悦榕庄酒店室内装饰效果图

图 5-37　杭州悦榕庄酒店吊顶效果图

5.12.2　工程特点及难点

本项目装修风格较为独特，整个项目建筑群均为仿古建筑，项目室内装饰设计也为仿古风格。室内装修的榆木饰面造型吊顶、木格栅组合装修效果较好地体现出项目仿古的装修风格。

5.13　上海华美达酒店

5.13.1　工程简介

该工程位于上海市徐汇区漕宝路 509 号新漕河泾大厦内，上海华美达酒店外立面见图 5-38，休息厅见图 5-39，休闲厅见图 5-40，电梯厅见图 5-41，客房走廊见图 5-42。

图 5-38　上海华美达酒店外立面

图 5-39　上海华美达酒店休息厅

图 5-40 上海华美达酒店休闲厅

图 5-41 上海华美达酒店电梯厅

图 5-42　上海华美达酒店客房走道

5.13.2　工程特点及难点

（1）施工区域分散，机电安装和装饰协调工作量大，工期紧张。

（2）设计档次高，材料种类多，阴阳角交会处多，深化设计工作量较大。

（3）新颖材料应用突出了设计效果，提升建筑档次，但为材料组织、现场施工带来不小难度。

（4）宾馆客房大面积的地板、地毯铺贴质量要求高。

（5）砖 TL-2、TL-3 尺寸规格 13mm×70mm×25.2mm，这些瓷砖规格较小，给实际铺贴带来难度。

（6）现场垂直运输工具单一，多家施工单位仅靠原有电梯进行搬运，材料组织进场难度大。

5.14　淮北金陵大酒店

5.14.1　工程简介

淮北金陵大酒店建设规模 45839m²，其中地上 38396m²。

淮北金陵大酒店内装饰，主要施工部位包括客房区、公用走道区、电梯区、商务中心、会议中心、娱乐中心、健身中心、行政中心等配套设施。

客房：双人标准间 181 间，单人标准间 79 间，标准套房 31 间，总统套房 1 间，无障碍双人标准间 1 间，无障碍单人标准间 1 间，无障碍套房 1 间，并设有商务中心、会议中心、娱乐中心、健身中心、行政中心等配套设施。淮北金陵大酒店外景见图 5-43、图 5-44，大堂见图 5-45，门厅见图 5-46，餐厅见图 5-47，客房见图 5-48、图 5-49。

图 5-43　淮北金陵大酒店外景（一）

图 5-44 淮北金陵大酒店外景（二）

图 5-45 淮北金陵大酒店大堂

图 5-46　淮北金陵大酒店门厅

图 5-47　淮北金陵大酒店餐厅

图 5-48　淮北金陵大酒店客房（一）

图 5-49　淮北金陵大酒店客房（二）

5.14.2　工程特点及难点

（1）该工程质量要求高，工程体量大、工期紧。

（2）大堂采用的透光云石、斜屋面木饰面等施工难度非常大。

（3）在工期紧张的前提下，材料资源组织的难度极大。

（4）该工程所处地区气候差异大，施工前对各种石材饰面防护要求高。